BASIC MAKEUP

베이직 메이크업

박경옥
·
김수나
·
김예린
·
노연희
·
송유빈
·
신미주

NCS 기반

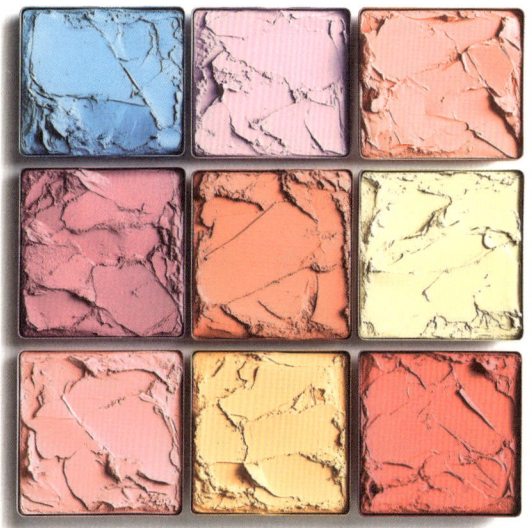

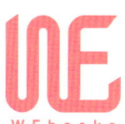
WEbooks

베이직 메이크업
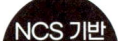

CONTENTS

005　I. 메이크업 기초 개요

1. 메이크업의 이해　006
2. 메이크업의 역사　010
3. 메이크업 위생관리　023

025　II. 메이크업 제품과 도구

1. 화장품 사용 방법　026
2. 메이크업 제품의 종류와 기능　029
3. 메이크업 도구의 종류와 기능　049

055　III. 색채학

1. 색채의 정의 및 개념　056
2. 색의 분류　057
3. 색의 3속성과 톤　058
4. 색의 혼법　061
5. 색의 배색　063
6. 색의 이미지　065

069　Ⅳ. 메이크업 테크닉

1. 얼굴 부위별 명칭 및 이상적 비율　　070
2. 베이스 메이크업 하기　　078
3. 색조 메이크업 하기　　088

103　Ⅴ. 베이직 메이크업 실전

1. 베이직 메이크업 테크닉　　104
2. 메이크업 상담일지와 사전기획서　　116

119　Ⅵ. 이미지 메이크업 실전

1. 로맨틱 메이크업　　120
2. 액티브 메이크업　　122
3. 클래식 메이크업　　124
4. 모던 메이크업　　126

129　Ⅶ. 미용사(메이크업) 실기테크닉

1. 뷰티 메이크업　　130
2. 시대 메이크업　　134
3. 캐릭터 메이크업　　138
4. 속눈썹 익스텐션　　142
5. 미디어 수염　　143

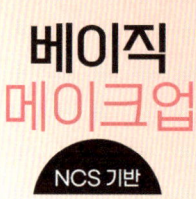

베이직
메이크업
NCS 기반

I. 메이크업 기초 개요

1. 메이크업의 이해
2. 메이크업의 역사
3. 메이크업 위생관리

1. 메이크업의 이해

1) 메이크업의 정의

메이크업의 일반적 정의는 '화장품을 사용하여 얼굴의 장점은 살리고 단점은 보완하는 꾸미는 행위'이며, 사전적 정의는 '보완하다', '제작하다'라는 뜻을 담고 있다.

2) 메이크업의 어원 및 기원

(1) 어원

그리스어 코스메티코스(kosmetikos)는 '잘 가꾸다' 또는 '잘 배열하다'라는 뜻으로, 화장품의 영단어 '코스메틱'의 어원이다. 17세기 영국의 시인 '리처드 크라슈'가 처음으로 '여성의 매력을 높이는 행위'라는 뜻에서 'make up'이라는 단어를 사용하였고, 이는 20세기 미국의 분장사 '맥스 팩터'에 의해 본격적으로 대중화되었다.

메이크업을 표현하는 단어로는 마끼아쥬, 페인팅, 코스메티코스, 투알레트 등이 있다.

마끼아쥬 (Maquillage)	• 프랑스어로 '분장'이라는 뜻이며 연극 용어에서 유래
페인팅 (Painting)	• 16세기 셰익스피어가 여성의 화장, 즉 겉모습을 꾸미는 행위를 상징하는 의미로 그의 희곡에서 사용
코스메티코스 (Kosmetikos)	• 그리스어에서 유래하였으며 화장품의 영단어 '코스메틱'의 어원 • 코스모스 뜻은 '질서', '조화', '우주'를 의미
투알레트 (Toilet)	• 전반적인 '치장'을 표현하는 단어
메이크업 (Make-up)	• 17세기 리처드 크라슈가 처음 사용

(2) 기원

메이크업의 기원에는 미화설, 보호설, 신분표시설, 장식설, 종교설, 위장설 등이 있다.

① 미화설

- 미(美)를 추구하는 인간의 본능으로부터 메이크업이 시작되었다는 설이다.
- 이성에게 아름다움을 어필하고 자신의 우월성을 나타내고자 하는 본능에서 유래했다.

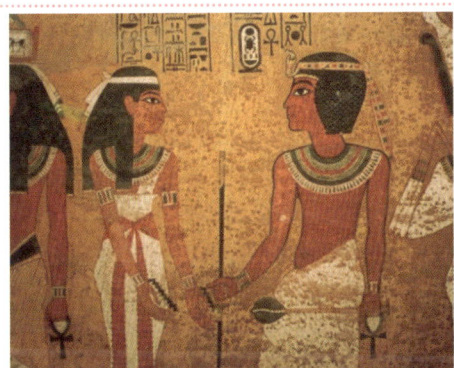 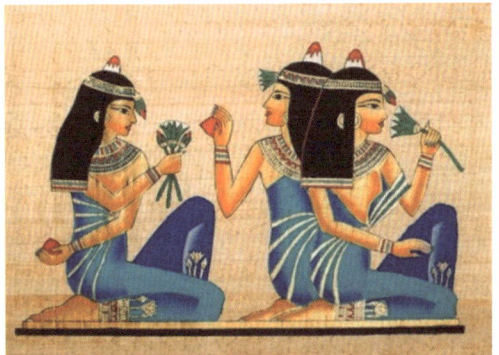

: 미화설

② 보호설

- 자연의 환경, 천적 등 외부의 위험으로부터 자신을 보호하는 수단으로서 메이크업이 시작되었다는 설이다.

  예 고대 이집트인들은 뜨거운 햇빛과 자외선으로부터 눈을 보호하기 위해 눈화장을 짙게 함

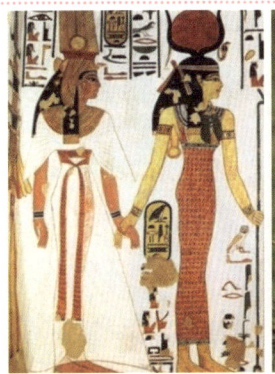 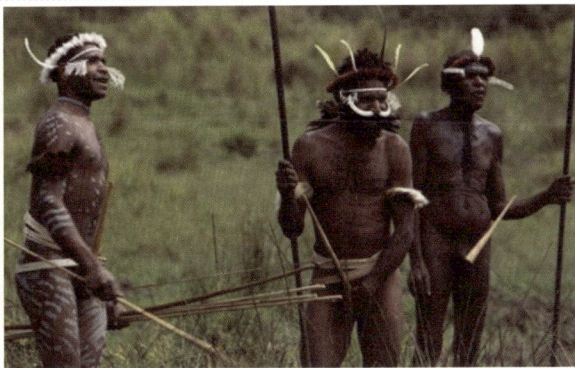

: 보호설

③ 신분표시설

- 신분, 종족, 계급, 성별, 미혼/기혼 여부 등을 나타내기 위해 몸을 치장했던 것이 메이크업으로 발전되었다는 설이다.

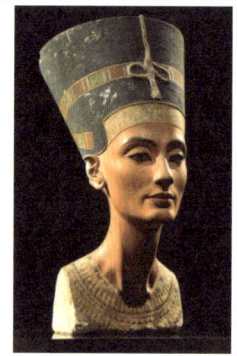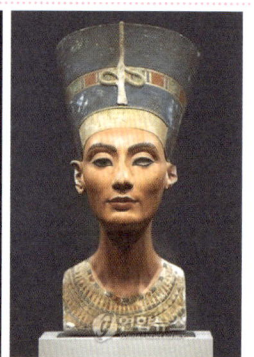

∴ 신분표시설

④ 위장설

- 현대의 군복, 얼굴 위장처럼 전쟁이나 사냥에서 승리하기 위해 신체를 위장하던 것이 오늘날의 메이크업으로 발전했다는 설이다.

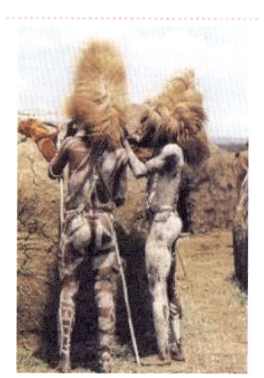

∴ 위장설

⑤ 장식설

- 인간이 옷을 입기 전인 원시 시대 때 신체에 그림을 그리거나 문신을 새기며 치장했던 것이 메이크업으로 발전되었다는 설이다.

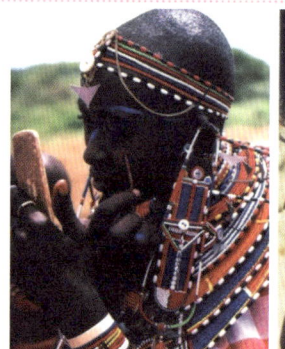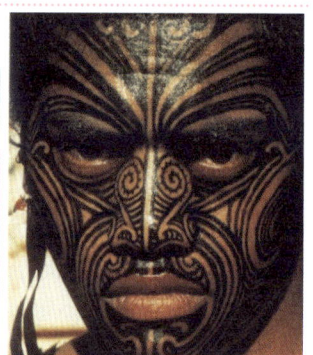

∴ 장식설

⑥ 종교설

- 신을 경배하기 위해 특정 색이나 향, 문양 등을 이용하여 주술적이고 종교적인 의미를 표현하였던 것이 메이크업으로 발전되었다는 설이다.

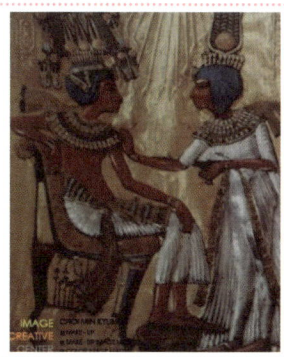
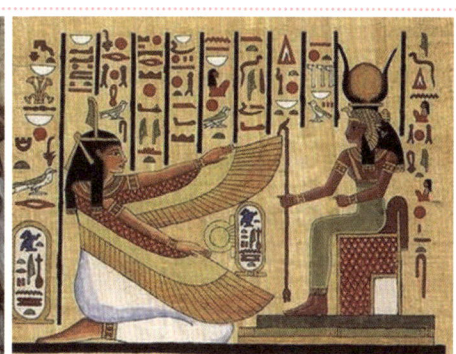

: 종교설

3) 메이크업의 목적

메이크업의 목적에는 본능적 목적, 실용적 목적, 신앙적 목적, 표시적 목적 등이 있다.

본능적 목적	• 이성에게 매력을 어필하는 등 본능적인 목적
실용적 목적	• 같은 종족임을 표시하는 등 실용적인 목적
신앙적 목적	• 신앙심을 나타내는 등 종교적인 목적
표시적 목적	• 신분 또는 계급 등을 표시하기 위한 목적

4) 메이크업의 기능

메이크업의 기능에는 미적 기능, 보호적 기능, 심리적 기능, 사회적 기능 등이 있다.

미적 기능	• 메이크업을 통해 얼굴 또는 신체의 결점을 보완하고 장점을 부각하여 미(美)를 추구하는 인간의 본성을 충족키는 것으로, 가장 기본적인 기능이라 할 수 있음
보호적 기능	• 외부의 자외선이나 먼지, 온도 등으로부터 피부를 보호함
심리적 기능	• 자존감, 자신감, 만족감, 안정감 등 긍정적인 심리 향상에 도움이 되며 메이크업을 통해 자신을 표현할 수 있음 • 캐릭터 메이크업이나 무대 분장과 같이 인물 묘사에 사용되기도 함
사회적 기능	• 메이크업을 통해 사회적 위치나 계급, 신분을 표시 • 사회적 관습을 나타내거나 예의를 표현하기도 함

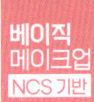

2. 메이크업의 역사

1) 메이크업의 발생

메이크업의 역사는 인류의 탄생과 함께 시작되었다고 할 수 있다. 당시 메이크업은 아름다움을 위한 수단이 아닌, 권위의 표현 또는 변장으로서 발전하였다. 또한 제사장들이 신에게 제를 올릴 때 그들만의 주술적인 힘을 과시하고 일반인들과 차이를 주기 위한 독특한 분장으로서 메이크업을 하였다.

2) 한국 메이크업의 역사

(1) 고조선

한국 역사의 초기국가인 고조선은 피부의 미백 효과를 위해 쑥을 달인 물로 목욕을 하였다. 또, 마늘을 빻아 꿀과 섞은 뒤 얼굴에 발라 씻어내는 일종의 팩을 하면서 피부 미백뿐 아니라 잡티, 기미, 주근깨 등 피부 색소를 제거하였다. 이는 단군신화에서도 볼 수 있는데, 환웅이 곰과 호랑이에게 백일동안 동굴에서 햇빛을 차단하고 쑥과 마늘만 먹도록 한 것으로 보아 고대에도 희고 말끔한 피부가 미인의 기준이었다는 것을 추측해볼 수 있다.

① 읍루: 읍루인은 돼지기름을 이용하여 겨울에도 피부를 부드럽게 유지하고 동상을 예방하였다.
② 말갈: 말갈인은 피부 미백을 위하여 오줌으로 세수를 하였다.
③ 변한: 변한인은 몸에 문신을 새겨 신에 대한 경외심을 표현하고 자신의 종족을 표시하였다.

(2) 삼국시대(BC 37~AD 935)

① 고구려

고구려의 메이크업은 고분벽화 등의 사료를 통해 당시의 화장 형태를 뚜렷하게 알 수 있다. 머리는 곱게 빗고 이마, 뺨, 입술에는 연지 화장을 하였으며 눈썹은 가늘고 얇은 일자형 또는 짧고 뭉뚝한 형태 등 다양하게 그렸다. 무인 역시 머리카락을 틀어 올리고 금당으로 머리를 꾸민 것으로 보아, 고구려에서는 신분이나 빈부의 구별 없이 치장을 했다는 사실을 알 수 있다.

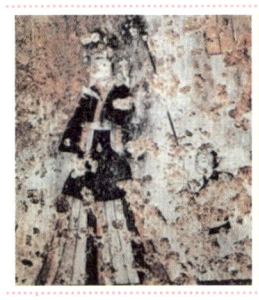 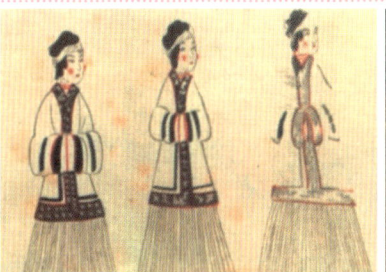 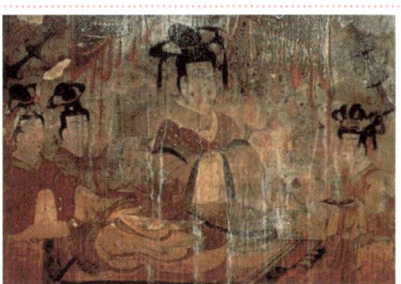

: 수산리고분 귀부인도　　: 쌍영총 귀부인　　: 고구려 안악3호분 벽화 중 묘주 부인의 초상화

② 백제

백제의 메이크업은 사료가 적어 메이크업의 정도를 구체적으로 가늠하기 어렵다. 다만 백제가 일찍이 평야 지대에 정착하여 경제적 부를 축적했다는 점과, 일본이 백제로부터 메이크업 방법과 제조 기술 등을 배워간 기록이 있는 '화한삼재도회' 등의 사료로 미루어 보아 높은 수준의 메이크업 기술을 가졌던 것으로 추측된다.

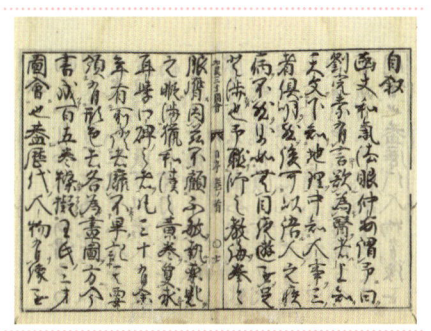

: 화한삼재도회

백제의 대표적인 화장법으로는 **'시분무주'**가 있다. 얼굴에는 분을 바르지만 입술 연지 등의 색조 화장을 하지 않는 화장법으로서, 깨끗하고 흰 피부를 위한 것이었다.

③ 신라

신라의 메이크업은 수준이 높고 화려하였다. 특히 '외모가 아름다우면 내면도 아름답다'는 **'영육일치 사상'**으로 인해 성별의 구분 없이 화장을 하였다. 남녀 모두 깨끗한 몸과 단정한 옷차림을 추구하였고, 백색의 피부를 선호하였기에 흰색 백분을 사용하여 피부를 희게 보이도록 치장하였다. 볼과 입술에는 홍화로 만든 연지와 산단(백합)으로 만든 색분을 발랐으며, 눈썹에는 나무재를 개어 만든 미묵을 사용하였고, 머리는 동백기름으로 깨끗하게 손질하였다. 신라의 부인들이 사용했던 가체는 품질이 우수하여 중국에 수출하기도 하였다.

또, 신라에는 '화랑'이라는 단체가 있었는데, 이들은 화장은 물론 장신구 역시 화려하게 사용하였다.

※ 화랑 : 신라의 소년들로 이루어진 심신 수련 및 교육 단체로, 문벌과 학식이 있고 외모가 단정한 사람으로 조직하였다.

(3) 고려

신라의 삼국 통일 후 세워진 고려는 자연스레 신라시대의 문화를 답습하여, 메이크업 역시 신라와 유사한 양상을 띠었고, 하루에도 몇 번씩 목욕을 하며 깨끗한 몸과 마음을 중시하였다.

고려는 신분에 따라 화장이 분대화장과 비분대화장으로 이원화되는 경향을 보였다. 분대 화장은 기생, 궁녀 등 직업여성들이 했던 화장으로 짙고 화려하였다. 피부에는 분을 바르고, 눈썹은 가늘고 또렷하게 그렸으며 뺨과 입술에 연지를 사용하였다. 이들과 다르게 보이기 위해 여염집 부인들은 옅은 비분대 화장을 하였는데 분은 바르되 눈썹은 굵게 그리고 연지는 사용하지 않았던 것으로 전해진다.

또한 고려는 삼국시대, 조선시대보다 청동거울이 가장 많이, 그리고 정교하게 제작되었던 것으로 보아 화장술 수준이 높았으며, 화장에 대한 관심 역시 상당히 높았던 것을 알 수 있다.

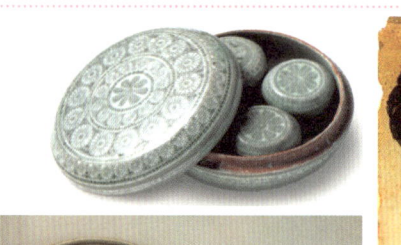
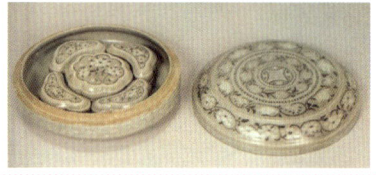
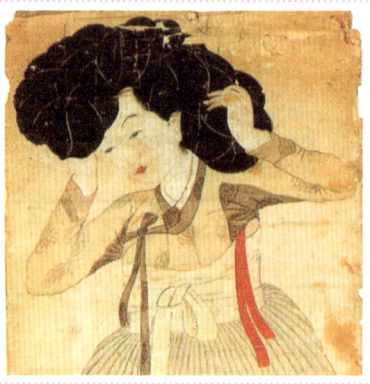

: 청자상감모자합   : 흰분과 가는 눈썹이 특징인 고려시대 화장법

(4) 조선시대

조선시대는 유교사상의 영향으로 화장 역시 단아함을 강조하였다. 가부장제의 이중적인 성 윤리관이 화장 문화에 영향을 주었고, 흰 피부와 단정한 몸가짐이 미인의 기준이 되었다. 내면의 아름다움을 중요시했기에 담장(피부를 희고 깨끗하게 하는 화장)을 선호하며 염장(색조를 사용하는 진한 화장)을 천하게 여겼다. 이러한 사회적 분위기 속에서 국가적으로 화장을 금지하는 명을 여러 번 내리기도 하였다.

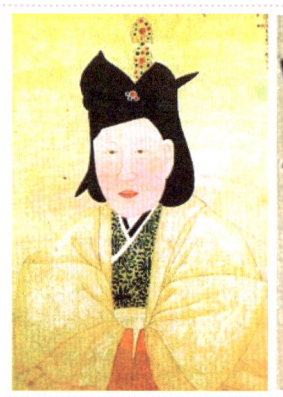
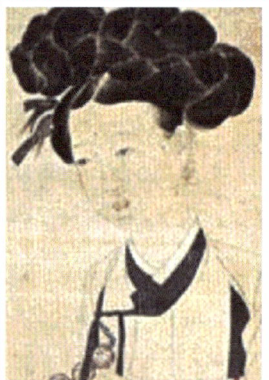

: 하연 부인상   : 미인도

(5) 현대

개화기에 서구의 문물이 도입되어 '화장'이라는 단어를 사용하기 시작했으며 서구 화장품, 화장법 등이 사용되었다. 신여성 사이에서 진한 메이크업이 유행하면서 여염집 여인들은 이를 기피하여 연한 메이크업을 하였다.

- 1915년 : 일제강점기에 한국 최초의 화장품 '박가분'이 만들어졌다. 백연으로 만든 하얀 가루로, 물에 개어 피부를 희게 하는 용도로 사용되었다. 폭발적인 인기를 끌었으나 납이 몸에 좋지 않다는 사실이 알려지면서 모습을 감췄다.

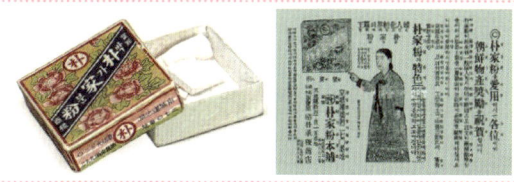
: 박가분

- 1940년대 : 광복과 함께 화장품 산업이 전환기를 맞이하였다. 현대식 화장법이 도입되고 미용사 자격시험이 제정되면서 본격적으로 미용 산업이 발전을 이루었다.
- 1950년대 : 전쟁으로 인해 밀수 화장품이 급격히 퍼지며 서양배우 '오드리 햅번'과 '마릴린 먼로'의 화장법이 유행하는 등 해외의 영향을 많이 받았다.
- 1960년대 : 국산 화장품 보호정책이 시행되었는데, 국산 화장품의 생산이 본격화 됨에 따라 다양한 화장품이 등장하였다.
- 1970년대 : 여성들의 사회 진출로 인해 메이크업이 대중화되었다. 이때 색조 화장이 발달하며 방문 판매가 성행하였는데 특히 보라색과 핑크색의 아이섀도가 인기를 끌었다. 또한 여성미를 강조하는 투명한 피부와 긴 눈썹, 깊은 눈매, 볼연지 등이 유행하였다.
- 1980년대 : 컬러 TV가 도입되면서 본격적으로 색조 화장이 유행하였다.
- 1990년대 : 개성을 중요시하는 사회적 분위기로 인해, 메이크업 역시 유행보다는 개성을 존중하는 분위기가 형성되었다. 또한 기능성 화장품이 대중화되기도 하였다.
- 2000년대 : 화장품 산업이 더욱 발전을 이루며 다양한 질감, 컬러가 등장하였다.

TIP. 우리나라 화장의 용어

- 담장 : 기초화장 위주, 엷은 색조
- 농장 : 담장보다 짙은 상태의 멋내기, 색채화장
- 염장 : 짙은 상태의 색채화장, 요염한 색채 표현
- 응장 : 농장과 비슷, 혼례화장
- 성장(盛粧): 남의 시선을 끌만큼 화려하게 표현한 화장
- 야용(冶容): 분장을 의미
- 미용(美容): 얼굴치장 행위를 가리킴
- 단장: 피부손질, 얼굴치장, 옷차림, 장신구 치레를 수수하게 표현
- 지분: 연지(臙脂)와 백분(白粉)의 약자
- 분대: 백분과 눈썹먹
- 장렴(粧奩): 화장품과 화장도구
- 화장: 개화기 이후 일본으로부터 도입

3) 서양 메이크업의 역사

(1) 고대

① 이집트(BC3200)

화장에 대한 최초의 기록이 있는 시기는 고대 이집트이다. 이집트의 화장은 네페르티티 여왕 때 크게 발전하였고, 클레오파트라 시대에 절정을 이루었다. 고대 이집트인들은 눈 가장자리를 검게, 입술은 빨갛게 하여 악마로부터 자신들을 지키고자 하였다. 또 눈 주변에 짙은 녹색을 칠하거나 진흙을 몸에 발라 뜨거운 햇빛과 해충으로부터 피부와 눈을 보호하였다. 고대 이집트인들의 눈 화장은 신앙의 표시, 신체의 보호를 위해 시작되었으나 점차 아름다움을 위한 것으로 발전되었는데, 코올을 사용하여 눈의 가장자리를 물고기 모양으로 그리고 눈썹은 갈매기 형태로 매우 진하게 그리는 등 주로 눈을 강조하는 메이크업을 하였다. 볼과 입술에는 헤나 꽃잎을 사용하여 붉게 표현했지만, 진한 눈화장에 비해 상대적으로 덜 강조되었다.

이외에도 손톱이나 손바닥, 발바닥 등을 헤나로 물들이기도 하였다. 또 검은색, 진청색, 황금색의 가발이 자주 사용되었다.

※ 코올 : 눈의 가장자리를 검게 칠할 때 사용했던 원료로서, 천연 광물 등을 통해 얻을 수 있는 고운 입자의 검은색 가루이다.

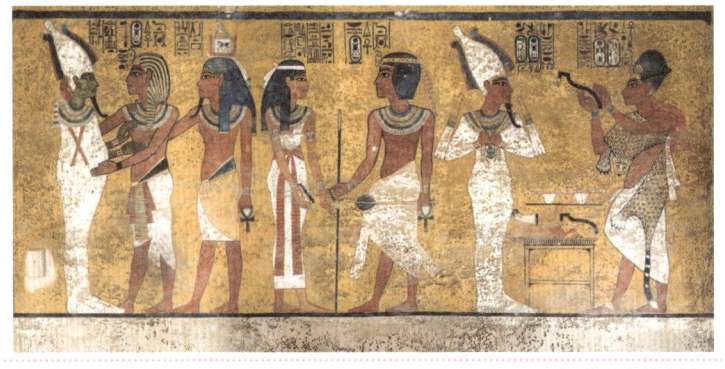
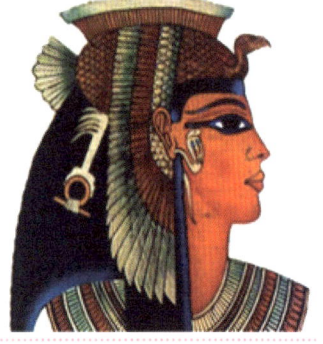

: 고대이집트 벽화   : 고대 이집트의 눈화장

② 그리스(BC3000 ~ BC4000)

고대 그리스 초기에는 미의 기준으로 건강한 아름다움을 추구하였는데, 히포크라테스가 연구하고 주장했던 식이요법, 마사지, 목욕 등은 현대 미용에 큰 기여를 하였다. 고대 그리스인들은 하얀 피부와 붉은 입술, 생기있는 볼을 선호하여 얼굴에 분을 바르고 입술을 붉게 화장하였다.

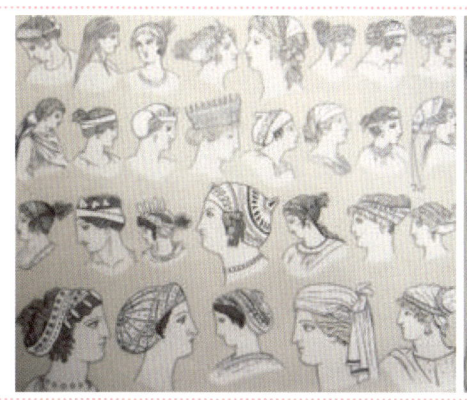
: 고대 그리스의 헤어스타일

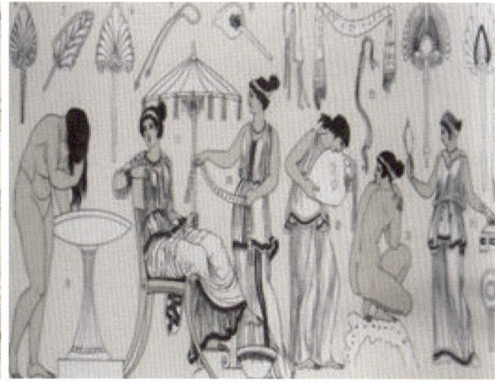
: 고대 그리스의 치장

③ 로마(BC8 ~ 3C)

고대 로마 역시 희고 매끄러운 피부를 선호하였다. 따라서 얼굴에 납 성분으로 이루어진 백분을 발라 희게 표현하였으며, 매끄러움을 위해 밀기울을 사용하여 목욕하기도 하였다. 눈은 윗 라인을 강조하여 아이라인을 그리고 눈썹은 양 사이를 가깝게 그렸다. 이때 더욱 선명하게 그리기 위해 블랙 코올을 이용하였다.

아이섀도는 주로 적갈색, 녹색, 회색을 사용하였고, 코는 명암을 통해 또렷하게 강조하되 이마와 코를 연결하여 길게 쉐딩하는 것이 특징이었다. 입술과 볼은 식물성 염료 또는 적색 흙으로 붉게 표현하였으며 특이하게 얼굴뿐 아니라 손바닥, 유두, 엉덩이 등 다른 신체부위에도 붉은 가루를 발랐다. 또 어두운 머리색보다는 밝은 금발을 선호하였다.

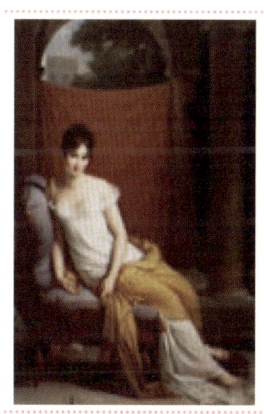
: 로마시대 여성의 초상화

(2) 중세(5C~15C)

'암흑시대'라 불리는 중세는 종교, 특히 기독교가 절대적인 권력을 쥐던 시기였다. 기독교의 억압으로 화장이 자유롭지 못하였고, 여성들은 순결과 정숙을 강요당했으며, 지나친 화장은 금기시되었다.

중세의 귀족 여성들은 창백하고 하얀 피부에 엄청난 집착을 하였다. 흰 피부를 위해 염료를 얼굴에 바르거나 심지어는 피를 뽑기도 하였다고 전해진다. 중세 후반기에 들어서서는 이마의 머리카락을 뽑아 이마를 넓어 보이게 하고, 눈썹 역시 가늘게 하거나 아예 밀어버리는 화장이 유행하였는데이는 순수하고 여린 얼굴을 연출하기 위함이었다.

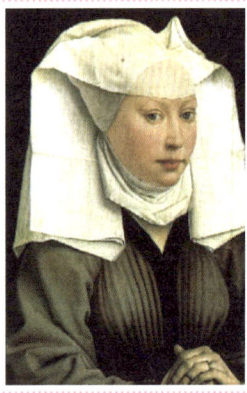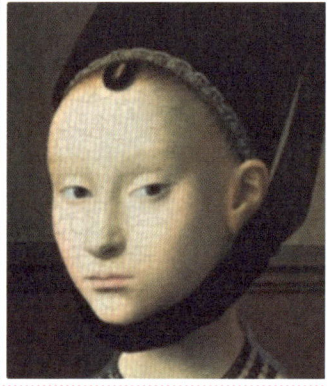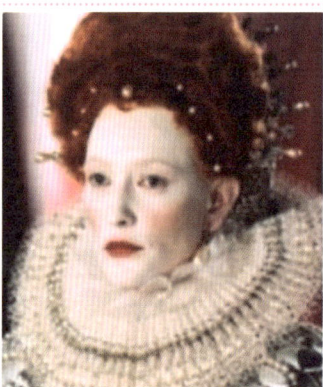

: 중세시대 여성들의 메이크업

(3) 근세

① 르네상스(14C~16C)

르네상스 시대 역시 흰 피부와 넓은 이마를 선호하였으나, 창백한 피부에 살짝의 생기만 주었던 중세와 달리 진한 화장이 다시 유행하기 시작하였다. 특히 이 시대 패션의 유행을 끌었던 엘리자베스 1세는 패션뿐 아니라 화장에서도 명실상부 큰 영향력을 행사하였다.

엘리자베스 1세 여왕은 피부를 창백하게 보이기 위해 수은이 들어간 로션을 사용하고 납이 들어간 분을 발랐다. 뿐만 아니라 푸른색의 핏줄을 관자놀이 부근에 그어 더욱 피부가 투명하고 창백하게 보이도록 했는데, 이것은 빨간 곱슬머리와 극명히 대비되며 강한 인상을 주었다. 또한 이마를 넓어보이게 하기 위해 눈썹을 모두 뽑았으며 뺨과 입술에 약간의 생기를 주는 색조 화장으로 순수한 이미지를 연출하였다. 특히 입술은 꽃잎을 연상시킬 수 있도록 인커브를 강조하여 그리고 구각을 뾰족하게 표현하였다.

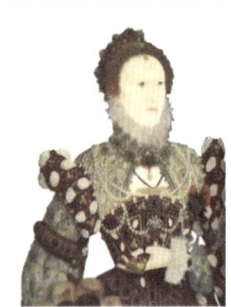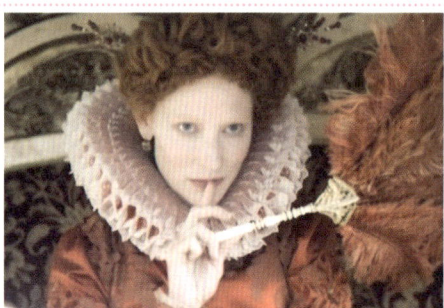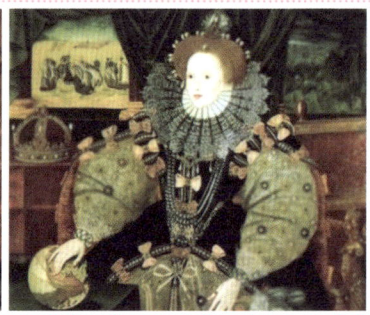

: 르네상스시대 여성들의 메이크업

② 바로크 시대(17C)

바로크 시대에는 남성과 여성 모두 진한 화장을 하는 것이 유행하였다. 또 몸을 씻는 것이 건강에 좋지 않다는 인식이 있어 목욕 대신 강한 향수를 사용하였다. 바로크 시대 역시 하얗고 창백한 피부를 미의 기준으로 여겨 얼굴, 귀, 목까지 하얗게 표현하였고 이로 인해 백색 인형처럼 보이기도 하였다. 눈썹은 본래 눈썹 위치보다 위쪽으로 초승달처럼 휘게 그렸으며 진하지 않은 색상을 사용하여 부드럽고 선한 이미지를 연출하였다. 아이라인 역시 중앙을 굵게 그려 눈매를 동그랗게 보이도록 하였다. 또, 피부의 결점을 감추기 위해 원, 초승달, 별 등의 형태로 자른 천을 호박단을 사용하여 얼굴에 붙이거나, 직접 결점 위에 그리기도 하였다. 르네상스 시대와 같이 꽃봉오리 같은 입술을 표현하기 위하여 로즈버드 형태로 입술을 그렸으며 컬러는 오렌지, 산호 빛 등을 선호하였고, 블러셔 또한 넓고 둥글게 표현하였다.

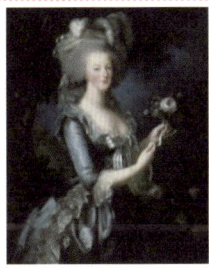 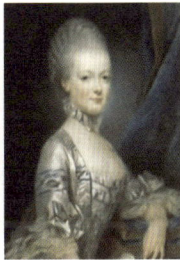 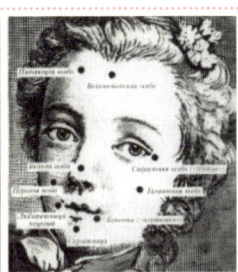

: 바로크시대 여성들의 메이크업

③ 로코코 시대(18C)

로코코 시대에는 남녀 구분 없이 피부를 하얗게 하고 뺨에는 패치를 붙이는 등 화려하고 과한 치장이 유행하였다. 화장품이 역시 크게 발달하였는데 기존에 사용되던 백분뿐 아니라 뺨을 통통하고 볼록하게 표현하기 위해 사용된 플럼퍼, 동공을 확장시켜 촉촉한 눈매를 연출하는 벨라도나의 즙 등 특이한 화장품이 등장하였다. 그러나 이러한 화장품 사용으로 피부의 손상이 심했는데, 특히 납과 수은이 들어간 화장품이 자유롭게 사용되었던 것이 큰 이유였다. 또한 이 시대에는 연하고 둥근 눈썹, 눈매가 유행하였으며, 입술은 꽃봉오리처럼 그리고 볼은 통통하고 둥글게 표현하였는데, 이는 피부의 손상을 가리기 위함이었다.

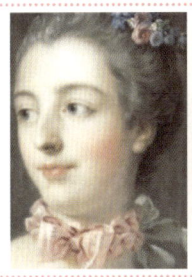 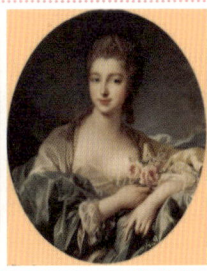 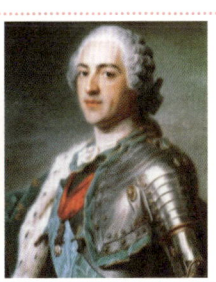

: 로코코시대 메이크업

(4) 근대(19C)

근대에는 화장이 여성의 전유물로 인식되기 시작하였다. 인간 본연의 자연스러운 아름다움에 대한 갈망으로 인해 연지를 바르는 화장이 쇠퇴하였으며, 흰 피부를 위한 쌀가루분 또는 미용 팩이 유행하였다. 특히 산화아연의 등장으로 인해 납으로 만든 분은 완전히 사라졌다.

눈은 커 보이게, 눈썹은 둥글게, 볼은 불그레하게 연출하여 건강해 보이도록 하였고, 입술은 로즈버드 형태로 그리며 색상은 주로 오렌지 또는 핑크색이 사용되었다. 남성의 경우 콧수염과 턱수염이 유행하였다.

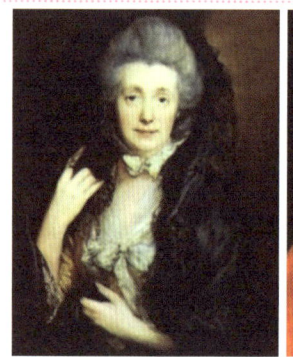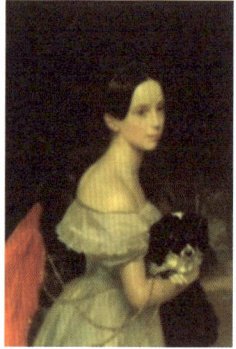

: 근대 시대 여성들의 메이크업

(5) 현대(20C)

① 1900년대

여성들의 사회 진출이 늘어남에 따라, 미용에 대한 관심 역시 증가하였고 화장이 일반인들에게 확산되었다. 극장이 성행함에 따라 극장 배우들의 무대분장, 메이크업 제품 등이 발전하였고 일반 여성들 사이에서 유행하였다. 특히 1909년 러시아 발레단이 파리에서 공연하면서 짙은 눈썹과 아이라인, 밝은 색상의 눈화장, 자주색 립 등 동양풍 메이크업이 크게 유행하였다. 또 극장뿐 아니라 영화 속 배우들의 화장을 따라하는 것이 유행이었다.

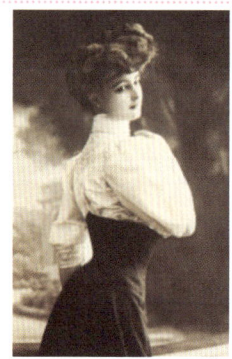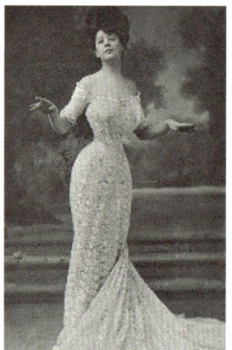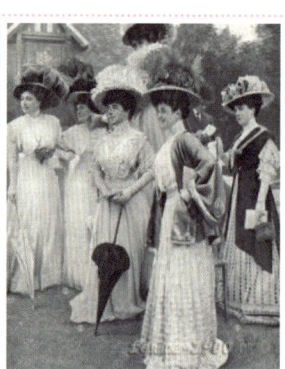

: 깁슨걸 스타일

1900년대 메이크업의 특징은 하얗고 투명한 피부, 진한 눈썹과 마스카라, 둥근 눈매, 작고 붉은 입술 등이 있다.

② 1910년대

제1차 세계대전으로 인해 여성들의 사회 진출이 이루어지면서, 여성들의 사회적 지위가 높아짐에 따라 화장이 신분의 표시 수단으로 사용되기도 하였다. 대중 스타의 스타일이 일반인에게 전파 되면서 보편화되기 시작하였다. 이 시대의 무성영화 최고 배우였던 테다 바라, 폴라 네그리는 마스카라를 발라 눈매를 그윽하고 신비롭게 표현하여 관능미를 부각시켰으며 눈 주위에 강한 음영을 넣는 메이크업을 유행시켰다.

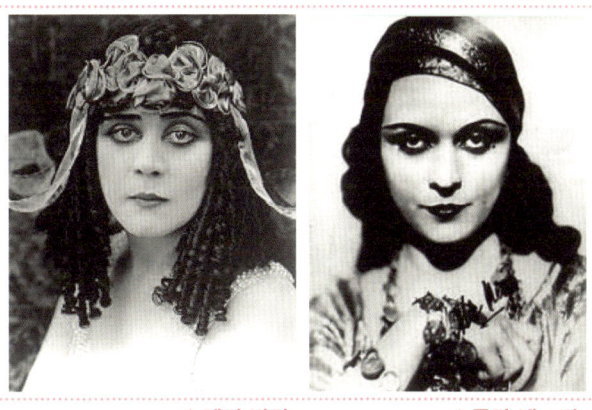

: 테다 바라   : 폴라 네그리

③ 1920년대

영화가 보급되면서 대중 스타가 등장하였고, 영화 속 스타들의 메이크업과 헤어가 대중들에게 유행하였다. 창백하고 새하얀 도자기 같은 피부 표현을 위해 흰색에 가까운 파운데이션과 투명 또는 흰색 파우더가 사용되었다. 눈썹은 가늘고 긴 형태를 그리기 위해 뽑거나 밀어버렸으며, 눈썹 뼈 주위에 흰색 아이섀도를 바르고 아이 홀 안쪽에는 진한 색상의 아이섀도를 발라 강한 대비감을 주었

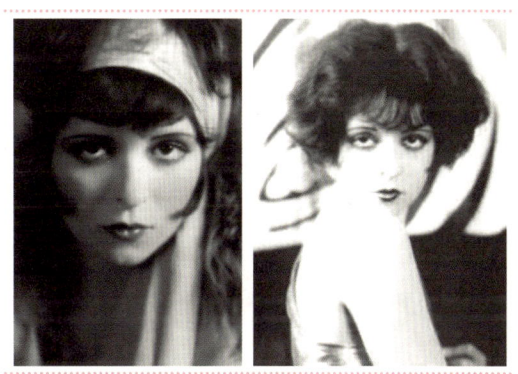

: 클라라 보우

다. 아이라인 역시 점막을 채워 또렷하게 연출하였는데 이때 눈썹과 아이라인 모두 처진 형태로 그렸다. 입술은 검붉은 색상을 사용하여 윗입술의 라인을 선명하게 그리고, 아랫입술을 동그랗게 칠해, 얇지만 작고 동그란 하트를 연상시키도록 그렸다.

④ 1930년대

제1차 세계대전이 끝난 후 경제 공황(1929~1939)으로 인해 영화 산업이 급속도로 발전하였는데, 이때 컬러 필름이 등장하면서 배우들의 화장과 패션이 큰 관심을 받게 되었다. 대리석처럼 매끄러운

피부를 표현하기 위해 케이크 타입의 파운데이션이 사용되었고, 주로 밝은 핑크빛 색상이 인기를 끌었다. 눈썹은 밝은 브라운색을 사용하였고, 가늘고 긴 아치형을 그려 여성스러운 분위기를 연출하였다. 또, 브라운 아이섀도로 눈에 음영감을 주었으며 풍성한 인조 속눈썹으로 깊이감을 더하였다. 그레타 가르보, 마를렌 디트리히, 진 할로 등의 메이크업이 유행하였으며, 처음으로 눈썹용 펜슬, 매니큐어, 페디큐어가 등장하였다.

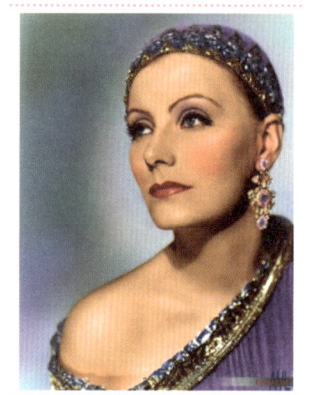

: 그레타 가르보

⑤ 1940년대

제2차 세계대전(1941~1945) 이후 경제적 빈곤으로 인해 자연스러운 메이크업을 선호하게 되었다. 눈썹은 깔끔하고 자연스러운 아치형으로 그렸으며, 두께가 이전보다 살짝 두꺼워졌다. 아이섀도는 적게 사용하고 인조 속눈썹과 마스카라로 눈매를 강조하였으며 입술은 부드럽고 옅은 컬러를 사용하였다.

⑥ 1950년대

컬러 TV의 도입으로 색상에 대한 인식이 높아지기 시작하였다. 또, 10대 청소년들의 화장에 대한 관심이 커지며 화장품 산업이 발전하였고, 그로 인해 다양한 양질의 화장품이 출시되었다.

제2차 세계대전의 영향으로 미국이 전 세계 문화의 중심에 서면서 오드리 햅번, 마릴린 먼로 등 미국 스타의 메이크업이 유행하였다. 핑크 빛 파운데이션을 사용하여 피부 톤을 밝게 연출하였

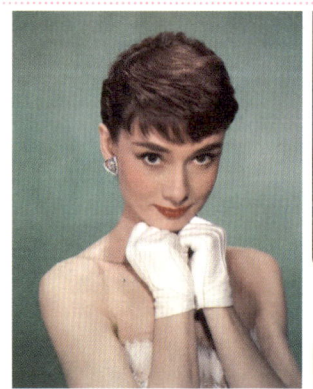 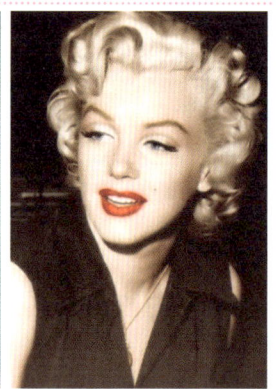

: 오드리 햅번   : 마릴린 먼로

고, 눈썹은 또렷하고 두껍게 그렸다. 아이홀에 음영을 준 뒤 다양한 색상의 아이섀도를 발라 컬러감을 주었으며 눈꼬리는 올려 그려서 눈매를 강조하였다. 붉은 색상으로 여성스러운 립을 연출함과 동시에 마릴린 먼로의 애교점이 유행하였다.

⑦ 1960년대

세계적으로 경제 상황이 좋아지면서 베이비 붐 세대가 등장하였다. 이들은 기성세대와 차별화된 행동 양식을 보이며, 그들만의 문화를 형성하였다.

컬러 TV가 본격적으로 보급되면서 고형 립스틱, 아이섀도, 파운데이션, 마스카라 등 색조 화장품이 대량 생산되었다. 또 팝아트, 옵아트의 영향으로 화려한 색채와 기교

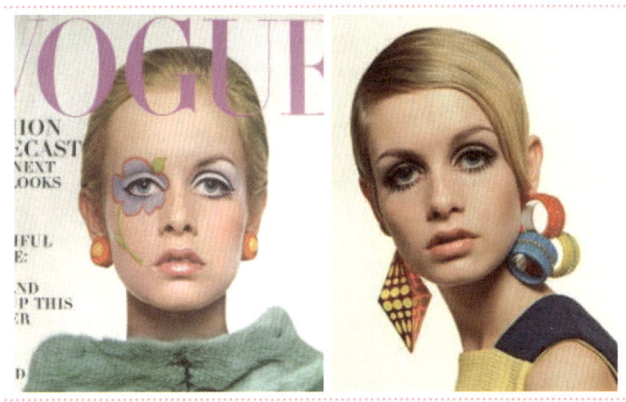

: 트위기

가 더해진 메이크업이 유행하였으며, 페이스페인팅과 바디페인팅 또한 유행하였다.

트위기 메이크업의 영향으로 핑크 빛 파운데이션, 인조 속눈썹을 붙인 커다란 눈, 핑크 빛 치크로 발그레한 인상을 연출하는 것이 인기를 끌었다.

⑧ 1970년대

다양한 스타일의 메이크업이 공존한 시기이다. 대표적으로는 자연스러운 메이크업이 유행하였으나, 펑크족 출현으로 인한 판타지 경향의 메이크업, 잔드라 로즈의 영향으로 인한 오리엔탈 풍 메이크업, 이외에도 메탈 룩 스타일, 페미닌 스타일 등이 공존하였다.

또 흑인 여성들을 위한 화장품이 개발되기 시작하였으며, 피부 보호 및 노화 예방에 대한 관심도가 높아지면서 기능성 화장품이 주목을 받았다.

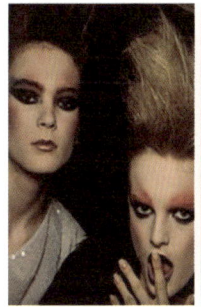 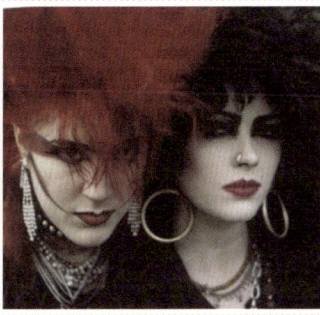 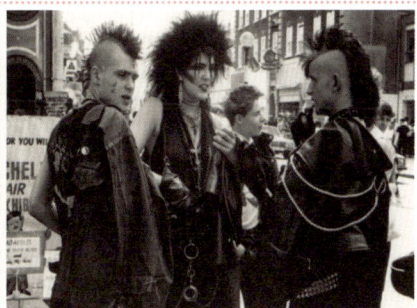

: 펑크족

⑨ 1980년대

세계적으로 경제가 성장하면서 화려한 스타일이 유행하였다. 이 시기 여성들은 화장을 자기 표현의 수단으로 썼으며 1980년대 후반에는 건강한 피부에 대한 관심이 높아졌다. 브룩 쉴즈, 소피 마르소, 마돈나 등의 메이크업이 유행하였다.

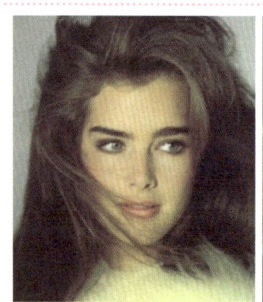 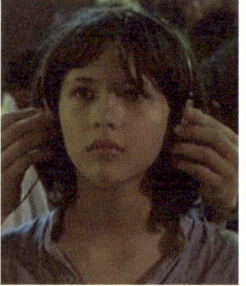 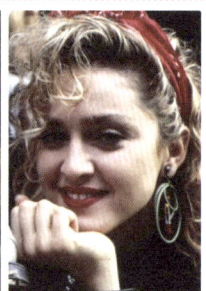

: 브룩 쉴즈 　 : 소피 마르소 　 : 마돈나

⑩ 1990년대

복고와 미래지향적 스타일이 공존하였다. 에콜로지(환경운동)의 영향으로 천연 성분의 화장품이 개발되었고 내츄럴 메이크업, 자연에서 나온 색상 등이 유행하였다. 메이크업이 일상생활의 필수 요소로서 자리매김하면서 다양한 기능성 제품이 출시되었다.

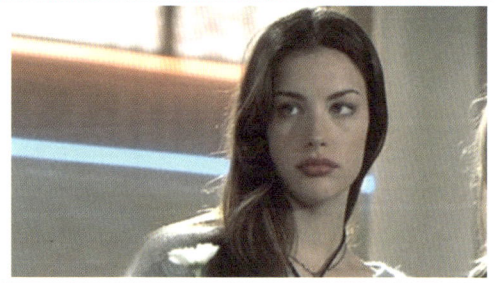

: 리브 타일러

⑪ 2000년대

2000년대에 들어서면서 다양한 질감의 메이크업이 유행하였다. 웰빙 트렌드가 대두되면서 피부 건강을 위한 내츄럴 메이크업이 유행하였고, 이외에도 촉촉한 피부 표현이 돋보이는 물광 메이크업, 피부를 햇빛에 태운듯한 태닝 메이크업, 패션쇼에서 주로 보인 스모키 메이크업 등 다양한 메이크업이 공존하였다.

또한 IT산업의 발달로 인해 인터넷 네트워크가 활발해지고 동영상 어플리케이션이 성장하면서, 메이크업 기법을 가르쳐주는 문화가 퍼지기 시작하였다.

⑫ 2010년대

한류의 유행으로 인해 남성 메이크업이 인기를 끌었다. 립, 아이라인 등의 포인트 메이크업이 유행하였고 다양한 메이크업 도구가 출시되었다.

⑬ 2020년대

K-pop의 영향으로 아이돌 스타일 메이크업이 유행하였다. 아이라인은 눈꼬리와 평행하게 일직선으로 그리고, 속눈썹은 가닥 속눈썹과 핀셋을 이용하여 한 가닥씩 또렷하게 표현하였다. 하이라이터와 음영으로 애교살을 표현하고 눈 밑으로는 블러셔를 넓게 발라 여리여리한 이미지를 연출하였다.

3. 메이크업 위생관리

1) 메이크업 위생관리

(1) 시설, 설비 및 도구/기기 등을 소독

(2) 청결하게 청소

(3) 실내공기를 환기

(4) 도구관리 체크리스트

(5) 사전점검 작업

2) 메이크업 작업자 위생관리

(1) 재료, 도구, 기기 등을 청결하게 관리

(2) 구강, 손, 복장 등을 청결하게 관리

(3) 고객위생과 관련한 감염관리 지침개발과 예방교육

(4) 서비스 종사자 주기적인 건강관리 연 1회 이상 건강검진

(5) 구취와 체취를 수시로 점검

베이직
메이크업

NCS 기반

II. 메이크업 제품과 도구

1. 화장품 사용 방법
2. 메이크업 제품의 종류와 기능
3. 메이크업 도구의 종류와 기능

1. 화장품 사용 방법

1) 화장품 선택

(1) 피부 분석법

① **문진** : 고객에게 직접 피부에 대한 질문(세안 직후의 피부의 당김 정도, 나이, 병력, 가족력, 사용중인 화장품 등)을 하여 정보를 얻는 방법이다.

② **견진** : 육안 또는 우드 램프나 확대경 등의 기구를 사용하여 피부 조직의 결, 피부 주름, 모세혈관의 상태, 모공 크기, 수분 상태, 피부 투명도 등을 관찰 및 분석하여 진단하는 방법이다.

③ **촉진** : 피부를 늘리거나 만져 봄으로써 피부의 탄력, 자극에 대한 민감도, 매끄러움과 거친 정도, 부드러움, 조직의 두께, 유분의 함량 등을 진단하는 방법이다.

(2) 피부 유형별 제형 선택

화장품을 선택할 때는 계절, 연령, 피부 유형 등에 따라서 피부의 생리 기능이 달라질 수 있기 때문에 피부의 상태를 고려한다.

피부 유형	선택 방법
정상 피부	• 보습 효과가 있는 크림과 정상 피부용 화장수 등 피부의 pH 밸런스를 맞추기 위한 대부분의 화장품 사용이 가능하지만, 환경적 변화 요인을 고려하여 화장품을 선택
건성 피부	• 피부 표면에 유분과 수분을 보충해 피부를 윤기 있고 촉촉하게 가꿀 수 있도록 영양 성분이 높은 건성용 크림과 보습 효과가 높은 화장수 등의 화장품을 선택
지성 피부	• 과다하게 분비된 피지를 정리하기 위해서 수렴 작용이 있는 화장수와 수분 함량이 높은 크림, 특히 젤 타입의 화장품이 적합
복합성 피부	• U-zone 부위에는 영양 성분이 높고 보습 효과가 있는 건성용 크림과 화장수를, T-zone 부위에는 수분 함량이 높은 크림과 수렴 화장수를 선택
민감성 피부	• 항산화 작용이 있는 무알코올 화장수를 사용하고 식물성 보습 크림 등 자극이 없는 화장품으로 사용하되, 화장품을 자주 교체하기보다는 자신의 피부에 적합한 제품을 찾아서 지속적으로 사용
여드름성 피부	• 여드름성 피부는 자극을 받을 수 있으므로 부드럽고 가벼운 제형의 화장품을 선택하는 것이 적합

2) 화장품 사용

(1) 기초 화장품의 종류

기초 화장품은 신진대사를 촉진하고 피부를 청결히 유지하며, 피부를 보호하고 수분과 천연 보습 인자 및 지질 등의 물질을 보충해 줌으로써 피부의 항상성이 유지되도록 한다.

① 화장수

피부의 pH 밸런스를 조절하여 피부를 촉촉하게 하고, 모공 수축과 팩의 잔여물을 제거하기 위해 사용한다.

종류	특징
정상 및 복합성 피부용 화장수	• 보습 및 수렴 효과가 있는 것이 효과적
지성 및 여드름 피부용 화장수	• 수렴 및 피지 조절, 항염증 효과가 있는 것이 효과적
민감성 피부용 화장수	• 보습 및 진정 효과가 있는 것이 효과적
건성 피부용 화장수	• 보습 및 각질 유연 효과가 있는 것이 효과적

② 로션

- 피부의 유·수분 균형을 조절하여 피부의 항상성을 유지해 주는 화장품이다.
- 종류는 지성용 로션, 건성용 로션, 모든 피부용 로션 등으로 분류할 수 있다.

③ 에센스

- 피부 보호, 보습, 영양 공급을 위한 미용 성분을 고농축한 것이다.
- 세럼(serum), 앰플(ampoule)이라고도 부른다.
- 종류는 토너 타입, 유화 타입, 오일 타입, 젤 타입으로 분류할 수 있다.

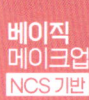

④ 크림

- 소실된 천연 보호막을 일시적으로 보충해 주고, 피부에 촉촉함과 보습을 부여한다.
- 외부 자극으로부터 피부 보호, 유효 성분으로 피부의 문제점 개선 등 영양 공급을 위해 사용한다.

종류	특징
에몰리언트 크림	• 각질층에 침투하기 쉬운 유성 성분을 주로 사용하여, 피부 유연효과가 뛰어남 • 크림이 피부 표면을 감싸서 수분 증발을 억제하여 피부의 건조함을 방지
영양 크림	• 크림에 함유된 성분이 피부 재생에 도움을 주고 피부를 유연하게 함
데이 크림	• 피부에 수분을 공급하고, 자외선이나 환경으로부터 피부를 보호
나이트 크림	• 피부 유연 및 재생 효과가 높고 데이크림에 비해 유성 성분의 함량이 높음
마사지 크림	• 친유성 크림으로 마사지할 때 피부를 유연하게 하며 손동작이 원활하게 함

⑤ 자외선 차단제

- 자외선으로부터 피부를 보호하기 위해 자외선을 차단해 주는 제품으로 로션과 크림의 형태를 띠고 있다.
- 자외선 차단 방법에 따라 자외선 산란제와 자외선 흡수제로 나뉜다.

종류	원리	특징
자외선 산란제 (무기자차)	• 무기 물질을 이용하여 피부에 도달하는 자외선을 물리적으로 반사, 산란시켜 피부 속으로 침투되는 것을 막음	• 피부에 흡수되지 않아 자극이 적으며, 안전성이 높음 • 시간 경과에 따른 차단 효과의 저하가 없음 • 백탁 현상이 있음
자외선 흡수제 (유기자차)	• 유기 물질을 이용한 화학적인 방법으로 자외선을 강력하게 흡수하여 자외선이 피부 속으로 침투되기 전에 열에너지로 소멸시킴	• 사용감이 좋음 • 성분의 특성상 트러블을 일으킬 수 있음 • 백탁 현상이 없음

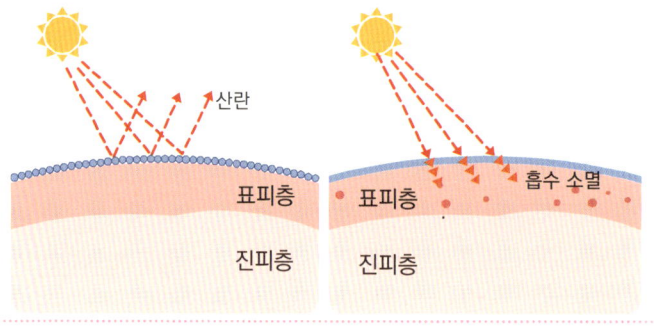

: 자외선 산란제 원리 　　　　: 자외선 흡수제 원리

2. 메이크업 제품의 종류와 기능

1) 베이스 메이크업

베이스 메이크업은 피부를 고르게 정돈하고, 매끄럽고 자연스럽게 표현하는 메이크업의 기초 단계이다.

주로 메이크업 베이스, 파운데이션, 컨실러, 음영 파운데이션 또는 쉐딩, 파우더 등 다양한 제품으로 이루어진다. 각각의 역할을 통해 피부 톤을 균일하게 연출하고 윤곽을 입체적으로 표현함으로써 전체 메이크업의 완성도를 높이는 중요한 역할을 한다.

(1) 메이크업 베이스

① 기능

- 피부 톤을 고르게 하고 파운데이션의 밀착력을 높여 베이스 메이크업의 지속력을 높인다.
- 컬러 코렉팅 기능으로 피부 톤을 보정하는 데 도움을 준다.
- 자외선으로부터 피부를 보호하고, 보습 기능으로 건조함을 방지한다.

② 색상별 분류

색상	특징
그린	• 붉은 기를 중화 • 홍조, 트러블 자국, 붉은 반점이 있는 피부에 효과적
핑크	• 생기 없는 피부에 혈색 부여 • 칙칙하거나 노란 기가 있는 피부에 생기를 더함
라벤더	• 노란 기를 중화 • 칙칙하거나 노란빛이 도는 피부에 사용
살구	• 자연스럽게 피부 톤을 균일하게 보정 • 피부 결점을 가리면서도 자연스러운 톤 보정에 적합
오렌지	• 다크서클이나 푸른 혈관, 칙칙한 부분 커버에 도움 • 밝고 건강한 피부 표현에 효과적
옐로우	• 어두운 피부 톤을 중화
블루	• 탁해 보이거나 생기 없어 보이는 피부에 화사함 부여 • 원래 밝거나 흰 경우, 얼굴에 차분한 생기를 더해 줌
화이트	• 피부를 한층 더 밝고 화사하게 만듦 • 밝고 투명한 피부 표현을 할 때 쓰며, 하이라이팅 역할
펄(투명)	• 피부에 자연스러운 광채를 부여하여 윤기있는 피부 표현 가능 • 광택감을 살리고 싶은 부분에 사용하여 입체감 강조

③ 제형별 분류

제형	특징
크림	• 유성 성분이 많아 피부에 부드럽게 발리고 피부에 촉촉한 보호막을 형성 • 보습력이 뛰어나 건성 피부나 겨울철에 적합
리퀴드	• 수분 함량이 많은 가벼운 제형으로, 빠르게 흡수되어 피부에 광택과 촉촉함 부여 • 수분과 영양 공급에 특화되어 모든 피부에 적합
젤	• 수분감이 많은 제형으로 청량감을 주며 피부에 바르게 흡수 • 산뜻한 마무리감으로 지성 피부나 여름철에 적합
무스	• 거품 같은 텍스처로 피부에 밀착되어 자연스럽고 매끄러운 피부 표현 • 오일 컨트롤 효과가 있어 지성 피부에 적합

(2) 프라이머

① 기능

• 실리콘 베이스 제품으로 모공이나 주름 등의 피부 요철을 메워 피부 결을 매끄럽게 만들어 준다.

• 피부 톤을 균일하게 하고 메이크업의 지속력을 높여준다.

• 유분을 조절해 번들거림을 막아주며, 메이크업이 들뜨거나 뭉치지 않도록 돕는다.

② 색상별 분류

색상		특징
	그린	• 홍조, 여드름 자국 등의 붉은 기를 중화
	라벤더	• 노란 기를 중화하여 칙칙한 피부를 화사하게 연출
	피치	• 생기를 부여하고 건강한 피부 톤 연출
	투명	• 모든 피부 톤에 사용 가능 • 색상 보정 없이 피부 결을 매끄럽게 연출

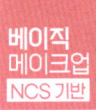

③ 제형별 분류

제형	특징
실리콘	• 피부 표면에 매끄러운 필름을 형성하여 모공과 잔주름을 효과적으로 메워줌 • 지성, 복합성 피부에 적합
로션	• 가볍고 수분감이 풍부해 피부가 얇은 부위에 적합 • 건성, 민감성 피부에 적합
젤/폼	• 수분감이 많은 가벼운 사용감으로 피지 조절과 보송한 마무리 • 지성 피부나 여름철 사용에 적합

(3) 파운데이션

① 기능

- 피부색을 균일하게 정돈하고, 결점을 커버한다.
- 얼굴의 윤곽을 수정하여 입체감을 연출할 수 있도록 한다.
- 자외선, 미세먼지 등 외부로부터 피부를 보호한다.
- 광택, 매트, 세미 매트 등 다양한 마무리감을 선택해 원하는 피부 표현을 연출할 수 있다.

② 제형별 분류

이미지	제형	특징
	리퀴드	• 유분보다 수분 함유량이 많아 사용감이 촉촉하고 가벼움 • 얇고 자연스러운 피부 표현은 가능하나 커버력 약함 • 모든 피부 타입에 사용 가능
	크림	• 수분보다 유분 함유량이 높음 • 두껍고 리치한 질감으로 높은 커버력 • 주로 건성 피부나 겨울철에 적합
	파우더	• 프레스트 타입으로 가볍고 보송한 마무리 • 주로 지성 피부나 여름철 사용에 적합 • 빠른 수정이 가능해 외출 시 유용하게 사용 가능
	스틱	• 높은 커버력을 제공하며 컨실러처럼 부분 커버 가능 • 사용이 간편하여 휴대성이 좋음 • 필요한 부위에 직접 발라 블렌딩해 간편하게 결점 커버 • 바르는 양에 주의하지 않으면 다소 두꺼운 느낌이 들 수 있음
	무스	• 부드러운 질감으로 맑고 자연스러운 피부 표현 가능 • 커버력은 약하나 사용감이 가벼움 • 피지 흡수력이 우수하여 여름철과 지성 피부에 적합
	트윈케익	• 파우더와 파운데이션의 특징을 동시에 갖춘 제품 • 건조한 퍼프를 사용하면 파우더처럼 산뜻하고 매트한 마무리 • 젖은 퍼프를 사용하면 커버력과 밀착력이 높아짐 • 주로 지성 피부나 복합성 피부에 적합
	팬케이크	• 방수 효과가 매우 뛰어나 물에 젖은 스펀지를 사용해야 하는 고체 형태 • 높은 커버력과 매트한 마무리감 • 고온이나 땀에도 비교적 강하고 지속력이 좋음 • 땀을 많이 흘리는 여름이나 뮤지컬, 무대화장 등에 사용
	스킨커버	• 다른 제형에 비해 높은 커버력과 밀착력 • 유분이나 땀에 강해 깔끔한 피부 표현 유지 가능 • 유분 함유량이 높으므로 악건성 피부에 적합

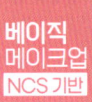

(4) 컨실러 및 컬러 코렉터

① 기능
- 다크서클, 여드름, 붉은 기, 잡티 등 피부의 결점을 커버하여 균일한 피부 표현이 가능하다.
- 파운데이션과 함께 사용하여 전체적인 메이크업의 완성도를 높일 수 있다.
- 컬러 코렉터는 특정 색상으로 피부색의 불균형을 보정하고 자연스러운 피부색을 만들기 위해 사용되는 제품이다.

② 색상별 분류

색상	효과
그린	• 여드름, 홍조, 피부염 등으로 인한 붉은 기 중화
살구	• 다크서클과 푸른 기 중화
라벤더	• 피부의 노란 기 중화
옐로우	• 보라색 및 푸른 기 중화
레드	• 황갈색 반점이나 다크스팟 커버

③ 제형별 분류

이미지	제형	특징
	리퀴드	• 수분이 풍부하여 피부에 부드럽게 밀착 • 피부가 얇은 부위에 사용하기 용이 • 커버력이 높지는 않으나, 건조한 느낌 없이 산뜻한 마무리
	크림	• 건조한 부위에도 잘 발리며, 피부에 부드럽게 밀착 • 리퀴드 타입보다 커버력이 우수 • 고강도 커버가 필요한 경우에 적합
	펜슬	• 좁은 부위에 섬세한 커버를 할 때 용이 • 휴대성이 뛰어나고 간편하게 사용 • 수정 메이크업 시에 유용
	스틱	• 컨실러 종류 중 커버력이 가장 우수 • 피지와 땀에 강한 성분이 포함된 제품이 많아 여름철 사용 권장 • 컴팩트한 디자인으로 휴대가 용이

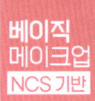

(5) 파우더

① 기능

- 파운데이션의 밀착력을 높여 메이크업의 지속력을 강화하는 역할을 한다.
- 메이크업의 전체적인 마무리감을 부여하고, 유분을 조절하여 피부를 매트하게 유지한다.
- 땀이나 물에 의해 얼룩지는 것을 방지하고, 외부의 유해 환경으로부터 피부를 보호한다.

② 색상별 분류

색상	효과
그린	• 붉은 기를 중화
핑크	• 화사하고 생기 있는 피부색 연출
브론즈	• 햇빛에 그을린듯한 자연스러운 피부색 연출
베이지	• 차분하고 자연스러운 피부색 연출
라벤더	• 노란 기를 중화
옐로우	• 보라색이나 푸른 기를 중화
화이트	• 빛을 반사하여 얼굴을 더욱 밝고 화사하게 연출
투명	• 색상이 없어 자연스러운 마무리감을 제공
펄	• 은은한 광택을 주어 화사하게 연출

③ 제형별 분류

이미지	제형	특징
	루스	• 분말형태로 투명감 있는 피부 표현에 효과적 • 피부에 부드럽게 밀착 • 가루날림이 심하다는 단점이 있음
	프레스드	• 분말형태의 파우더를 압축한 것 • 컴팩트한 케이스에 담겨 휴대하기 용이 • 매트한 마무리감을 주어 지성 피부에 적합

2) 색조 메이크업

색조 메이크업은 피부의 자연스러운 아름다움을 강조하고 개성을 표현하기 위해 다양한 화장품을 사용하는 과정이다. 얼굴의 특정 부위를 강조하거나 생기를 불어넣는 데 중점을 둔다. 개인의 스타일과 피부 톤에 맞게 조정할 수 있으며, 특별한 상황부터 일상적인 상황까지 폭넓게 활용할 수 있다. 이를 통해 개인의 매력을 한층 더 돋보이게 하고 자신감을 높이며, 자기 표현의 수단으로 작용한다.

(1) 아이브로우

① 기능

- 눈썹을 채우고 형태를 잡아 얼굴의 인상을 결정짓는 중요한 역할을 한다.
- 얼굴형과 눈매의 단점을 보완하고, 개성을 표현할 수 있다.
- 얼굴의 좌우 균형을 맞춰 안정감을 줄 수 있다.

② 색상별 분류

색상		효과
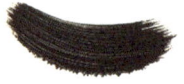	블랙	• 강하고 선명한 이미지 연출에 적합 • 눈썹이 짙은 사람이나 자연 모발이 검은 사람에게 잘 어울림
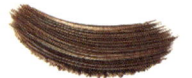	브라운	• 부드럽고 자연스러운 이미지 연출에 적합 • 얼굴에 따뜻한 느낌을 더해주고, 다양한 톤을 선택할 수 있어 널리 사용
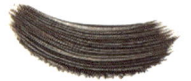	그레이	• 중립적이고 세련된 이미지 연출에 적합 • 너무 강하지 않으면서도 선명한 눈썹 연출 가능 • 우아하고 차분한 느낌

③ 제형별 분류

이미지	제형	특징
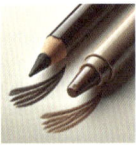	펜슬	• 세밀하게 그리기 쉽고, 자연스러운 눈썹 결 표현 가능 • 초보자도 사용하기 쉬움
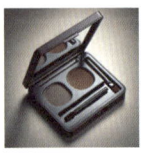	케이크	• 브러시를 사용해 과하지 않은 자연스러운 눈썹을 연출 • 매트한 마무리를 주어 눈썹이 자연스럽고 깔끔하게 보임
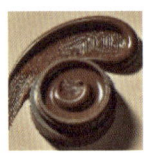	젤	• 고정력 높고, 브러시를 사용하여 색감을 더하고 자연스러운 결 표현
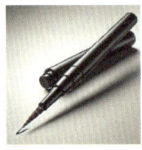	리퀴드	• 선명하고 뚜렷한 라인을 그리기 좋으며, 발색이 강해 강렬한 인상을 주는 눈썹을 연출 • 일반적으로 발림성이 좋고 빠르게 건조되며, 지속력이 높음
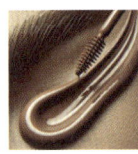	브로우 마스카라	• 브러시로 눈썹에 색을 입히며, 모양을 고정하는 역할 • 눈썹 색을 자연스럽게 변화시키고 눈썹의 결을 강조

(2) 아이섀도

① 기능

- 눈에 깊이감과 매력을 더해 다양한 룩을 연출하는 중요한 메이크업 요소이다.
- 음영을 통해 눈매를 보완하고 입체감을 주며, 컬러 선택에 따라 다양한 이미지를 표현할 수 있다.
- 피부 톤, 립 컬러, 블러셔 컬러, 계절, 의상과의 조화도 고려해야 한다.

② 색상별 분류

색상	특징
핑크	• 사랑스럽고 여성스러운 분위기 • 데일리 메이크업이나 로맨틱한 룩에 자주 사용
그린	• 톤에 따라 강렬하거나 부드러운 분위기 • 트렌디하고 개성 있는 메이크업에 사용
블루	• 신비롭고 드라마틱한 분위기 • 차가운 색감으로 눈매를 또렷하게 강조
바이올렛	• 고급스럽고 몽환적인 분위기 • 눈매를 깊고 매력적으로 보이게 연출
오렌지	• 건강하고 생기 넘치는 분위기 • 눈매를 밝고 생동감 있게 표현 가능
브라운	• 가장 활용도가 높은 색상으로, 데일리 메이크업에 많이 사용 • 자연스럽게 눈에 음영을 주어 입체감을 강조

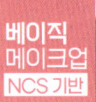

③ 제형별 분류

이미지	제형	특징
	케이크	• 브러시나 팁 브러시를 이용해 쉽게 바를 수 있고 그라데이션 용이 • 다양한 컬러와 질감이 있어 가장 많이 사용 • 가루 날림이 있을 수 있음
	크림	• 부드러운 질감으로 블렌딩 쉬움 • 밀착력이 좋고 가루 날림이 없음 • 보습력이 높아 건조한 눈가에 적합
	리퀴드	• 밀착력이 좋고 촉촉하고 광택 나는 마무리감 • 마르는 데 시간이 걸리고 크리즈 현상이 나타날 수 있음
	파우더	• 가루 상태의 아이섀도 • 발색력은 좋으나 밀착력은 약함 • 바디페인팅이나 판타지 메이크업에 적합
	펜슬	• 섬세한 라인 작업과 보정이 쉬워 좁은 부분도 표현 가능 • 연필 형태로 되어 있어 쉽게 그릴 수 있고 초보자가 사용하기 간편
	스틱	• 간편하고 빠르게 발색 가능 • 부드러운 텍스처로 블렌딩 용이 • 건성 피부에 적합

(3) 아이라이너

① 기능

- 눈매를 강조하고 선명하게 만들어준다.
- 눈의 형태를 수정하여 전체 메이크업의 조화를 이룬다.
- 눈과 눈 사이의 간격 및 얼굴의 비율을 조절하여 균형 잡힌 인상을 준다.

② 색상별 분류

색상	효과
블랙	• 가장 기본적이고 강렬한 색상 • 눈을 또렷하게 강조하고 전체적인 메이크업에 강한 인상을 줌
브라운	• 부드럽고 자연스러운 효과를 주며 일상적인 메이크업에 적합
컬러 (ex. 블루, 그린)	• 색상이 다채롭고 개성 있는 룩을 연출 • 눈의 색상이나 피부 톤에 따라 다른 느낌으로 연출 • 파티나 특별한 자리에서 포인트 메이크업으로 활용 • 메이크업 이미지와 계절을 고려해 사용하기도 함

③ 제형별 분류

이미지	제형	특징
	젤	• 부드럽고 매끄러운 발림성이 있어 정교한 라인 연출 가능 • 지속력이 뛰어나 번짐 없이 오랜 시간 유지
	리퀴드	• 강한 발색과 뚜렷한 선을 제공하여 눈을 또렷하게 강조 • 날카롭고 섬세한 라인 표현이 가능
	펜슬	• 사용이 간편하고 빠르게 그릴 수 있어 초보자에게 적합 • 다양한 마무리감 제공
	케이크	• 물이나 미스트에 적셔서 사용 • 선명한 발색과 뛰어난 지속력을 제공

(4) 마스카라

① 기능

- 속눈썹을 길고 풍성하게 만들어 눈에 입체감과 깊이감을 부여한다.
- 눈의 전체적인 인상을 결정짓는 중요한 메이크업 요소로 작용한다.
- 다양한 제형과 색상으로 제공되어 개인의 취향과 스타일에 맞게 선택할 수 있다.
- 워터프루프 또는 세럼 타입 등 지속력이나 속눈썹 건강까지 고려한 다양한 제품이 존재한다.

② 색상별 분류

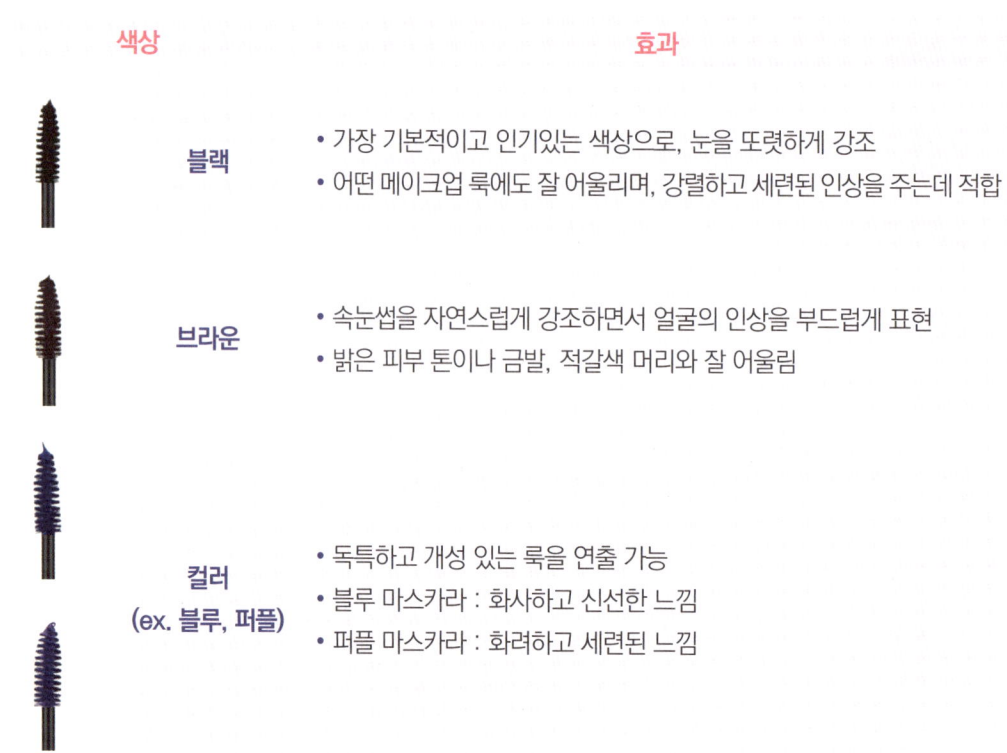

③ 타입별 분류

이미지	타입	특징
	볼륨	• 속눈썹을 두껍고 풍성하게 만들어 숱이 적은 속눈썹에 용이 • 일반적으로 넓고 굵은 브러시를 사용 • 속눈썹을 여러 겹으로 덧칠할 수 있는 포뮬러
	롱래쉬	• 섬유질이 함유되어 속눈썹을 길게 연출 • 일반적으로 가벼운 포뮬러가 특징
	컬링	• 속눈썹을 위쪽으로 컬링하는 효과로 처진 속눈썹에 용이 • 보통 곡선형 브러시를 사용하여 속눈썹을 휘어지게 하고, 지속적인 컬링 효과를 제공
	워터프루프	• 물과 땀에 강한 내구성을 가져 눈 주위가 쉽게 번지는 사람에게 효과적 • 일반 마스카라보다 더욱 강력한 포뮬러 사용 • 제거할 때는 전용 리무버 필요
	투명	• 속눈썹에 자연스러운 윤기를 더하며, 속눈썹을 강조하지 않고도 정돈된 느낌을 제공

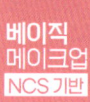

(5) 립

① 기능

- 립 메이크업은 이미지를 결정하는 데 중요한 역할을 한다.
- 다양한 제형과 색상으로 제공되어 개인의 취향과 피부 톤에 맞춰 선택할 수 있다.
- 특정 제품은 입술을 보호하고 보습하는 성분을 포함하기도 한다.

② 색상별 분류

색상	효과
레드	• 클래식한 컬러로 강렬한 느낌 • 입술에 포인트를 주어 얼굴 전체에 시선을 끌어주는 효과
핑크	• 밝고 사랑스러운 느낌 • 주로 데일리 메이크업에서 사용되며, 소녀다운 이미지를 연출
오렌지	• 활기차고 밝은 느낌 • 얼굴에 생기를 더하고 건강한 이미지
누드	• 피부 톤과 유사한 색상으로 자연스럽고 차분한 느낌 • 입술을 자연스럽게 연출하며, 다른 메이크업 요소들을 강조할 때 사용

③ 제형별 분류

이미지	제형	특징
	립스틱	• 다른 제형에 비해 발색력이 좋아 색상을 확실하게 표현 • 다양한 마무리감으로 여러 느낌 표현 가능 • 입술선을 정리하고 입술을 선명하게 연출할 때 효과적
	립글로스	• 반짝이는 광택과 촉촉한 느낌을 주는 제형 • 입술을 더욱 도톰하고 촉촉하게 보이게 함 • 입술에 보습을 더해 건조함을 방지하지만, 지속력이 짧음
	틴트	• 입술에 색소가 스며들어 오랫동안 지속되는 제형으로, 가볍고 자연스러운 발색을 제공 • 얇게 발리며 그라데이션 연출에 용이
	립라이너	• 입술의 윤곽을 그릴 때 사용 • 입술을 정교하게 표현하거나 입술 모양을 교정할 때 사용
	립밤	• 주로 보습과 입술 보호를 목적으로 사용 • 색상이 없거나 아주 미세한 발색을 가진 제품이 많음

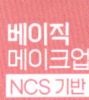

(6) 블러셔

① 기능

- 얼굴에 생기와 혈색을 더해 건강하고 활기찬 인상을 준다.
- 입체감을 살려 얼굴 윤곽을 강조하고 메이크업 전체의 색조를 조화롭게 만든다.
- 사용 색상에 따라 분위기를 변화시켜 자연스러움부터 화려함까지 다양한 연출이 가능해 메이크업의 완성도를 높이는 중요한 역할을 한다.

② 색상별 분류

색상	효과
피치	• 피부색과 자연스럽게 녹아들어 생기를 주며, 부드럽고 따뜻한 인상 연출
핑크	• 밝고 사랑스러운 느낌을 주는 대표적인 컬러 • 생기를 더해 화사하고 생동감 있게 보이도록 함
오렌지	• 따뜻하고 활기찬 느낌을 주는 색상으로, 여름철이나 건강한 피부 표현에 적합 • 피부에 따뜻한 활력을 더해 경쾌하고 발랄한 이미지 연출
브라운	• 음영과 함께 얼굴에 입체감을 더해주는 컬러 • 세련되고 성숙한 이미지
브론즈	• 햇볕에 그을린 듯한 건강하고 섹시한 인상을 줄 수 있어 여름철 메이크업에 많이 사용

③ 제형별 분류

이미지	제형	특징
	케이크	• 발림이 부드럽고 가벼워 피부에 얇고 자연스럽게 밀착 • 모든 피부 타입에 잘 어울리며 지성 피부에는 유분을 잡아주는 효과
	크림	• 촉촉한 크림 제형의 블러셔로, 손이나 스펀지로 쉽게 바를 수 있으며, 파우더 타입보다 밀착력이 뛰어남 • 건조한 피부에 잘 어울리며 피부를 건강하고 화사하게 만듦
	리퀴드	• 액상 형태의 블러셔로, 주로 손이나 스펀지로 바르며, 빠르게 피부에 밀착되어 지속력이 좋음 • 레이어링하면 선명하고 강한 발색을 연출할 수 있음

(7) 인조 속눈썹

① 기능

- 인조 속눈썹을 붙이면 길이, 굵기, 모양에 따라 속눈썹이 더 길고 풍성해 보인다.
- 눈매가 더 또렷하고 커 보이는 효과를 준다.
- 메이크업 디자인의 목적에 맞게 아이 메이크업 이미지를 강화할 수 있다.

② 종류

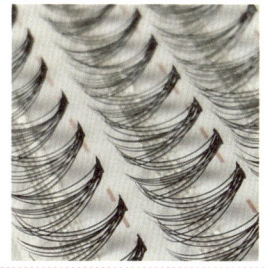 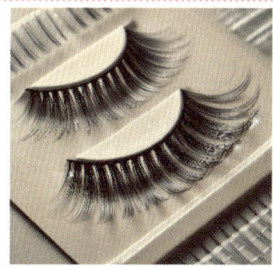 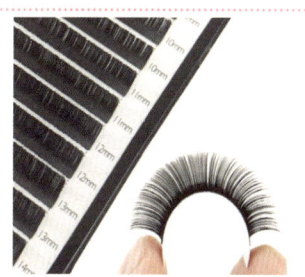

: 가닥 속눈썹　　　　　: 통 속눈썹　　　　　: 연장용 속눈썹

③ 목적에 따른 분류: 데일리, 파티, 무대

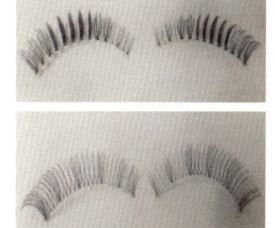 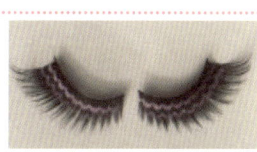 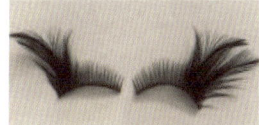 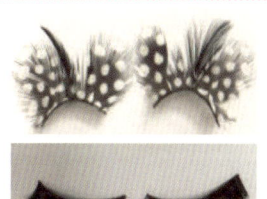 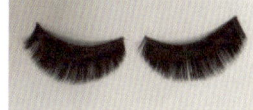

: 데일리용 속눈썹　　　　　: 파티용 속눈썹　　　　　: 분장용 속눈썹

④ 준비물 및 붙이는 방법

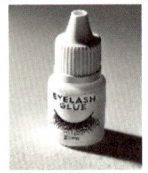 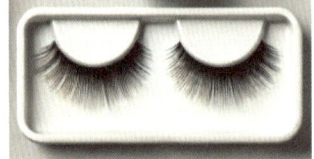 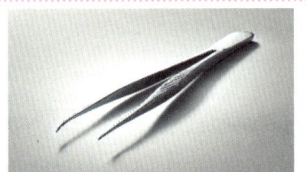

: 속눈썹 접착제　　　　　　　　: 인조 속눈썹　　　　　　　　: 핀셋

- 속눈썹 길이 조절

  인조 속눈썹을 눈의 크기에 맞게 조절한다. 필요시 가위로 가장자리 부분을 잘라 길이를 맞춘다.

- 접착제 바르기

  인조 속눈썹의 밑면에 속눈썹 접착제를 고르게 발라준다. 묽은 접착제가 약간 끈적거릴 때까지 5~10초 정도 기다린다.

- 위치 잡기

  핀셋을 사용해 인조 속눈썹의 양 끝을 잡고, 자신의 자연 속눈썹 라인에 맞춰 인조 속눈썹을 위치시킨다.

- 부착하기

  인조 속눈썹을 자연 속눈썹 라인 위쪽에 부착한다. 중앙부터 시작해 양쪽 끝을 눌러 밀착시킨다.

- 마무리

  인조 속눈썹이 잘 붙었는지 확인한 후, 필요시 마스카라를 사용해 자연 속눈썹과 블렌딩하여 더욱 자연스러운 느낌을 연출한다.

II. 메이크업 제품과 도구

3. 메이크업 도구의 종류와 기능

1) 메이크업 도구와 기능

이미지	종류	기능
	스펀지 (Sponge)	• 파운데이션과 메이크업 베이스를 얼굴에 골고루 펴 바를 때 주로 사용 • 베이스의 커버력과 밀착력을 높임
	퍼프 (Puff)	• 파우더나 파운데이션을 바를 때 사용 　- 벨벳 타입 : 고운 입자 파우더를 사용할 때 사용 　- 면 타입 : 땀과 유분 흡수에 강함 　- 에어 타입 : 쿠션 안에 공기층이 존재하여 뭉침 없이 밀착됨
	스파츌라 (Spatulas)	• 다양한 화장품 제품을 위생적으로 덜거나 섞어 쓰기 위해 사용
	팔레트 (Palette)	• 립이나 파운데이션을 조색할 때 사용
	아이래쉬 컬러 (Eyelash curlers)	• 속눈썹에 컬링 효과를 주어 자연스러운 곡선 형태로 올려줄 때 사용 • 눈의 형태에 따라 맞는 아이래쉬컬을 선택해야 함
	눈썹 가위 (Eyebrow scissors)	• 눈썹의 숱이나 길이를 정리할 때 사용 • 인조 속눈썹을 눈의 크기에 맞춰서 재단하거나 가닥가닥 자를 때 사용
	눈썹칼 (Eyebrow knife)	• 눈썹을 정리할 때 사용
	핀셋(트위저) (Tweezers)	• 인조 속눈썹을 붙이거나 제거할 때 사용 • 불필요한 눈썹의 잔털을 정리할 때 사용
	면봉 (Cotton swab)	• 부분적으로 메이크업을 수정할 때 사용
	샤프너 (Sharpener)	• 아이브로우나 펜슬형 제품을 깎을 때 사용
	브러시 (Brush)	• 베이스부터 색조까지 화장품을 바를 때 사용 • 부위별 사용하는 브러시의 종류가 다름

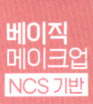

2) 브러시의 종류와 기능

이미지	종류	기능
	컨실러 브러시 (Concealer brush)	• 피부의 작은 잡티나 커버가 필요한 곳에 사용 • 탄력 있고 힘 있는 합성모를 주로 사용
	파운데이션 브러시 (Foundation brush)	• 파운데이션 등을 펴 바르기 위해 사용 • 탄력이 좋으면서 납작한 것이 좋으며, 인조모를 주로 사용
	파우더 브러시 (Powder brush)	• 브러시 중 가장 크고 부드러움 • 파우더를 펴 바를 때 사용
	팬 브러시 (Pan brush)	• 부채꼴 모양의 브러시 • 여분의 파우더를 털어낼 때 사용
	쉐딩 브러시 (Shading brush)	• 얼굴에서 들어가 보이는 부분에 음영감을 줄 때 사용
	하이라이트 브러시 (Highlight brush)	• 얼굴에서 돌출되어 보이는 부분에 입체감을 줄 때 사용
	블러셔 브러시 (Cheek brush)	• 얼굴에 생기 및 색감을 줄 때 사용

이미지	종류	기능
	아이브로우 브러시 (Eyebrow brush)	• 사선 모양의 브러시로 눈썹의 색상과 형태를 정리할 때 사용
	스크류 브러시 (Screw brush)	• 나선형의 브러시로 뭉친 마스카라나, 눈썹의 결을 정리할 때 사용 • 스크류가 촘촘하고 억센 것은 피함
	아이브러시&콤 (Eyebrush&Com)	• 눈썹을 빗거나, 마스카라를 정리할 때 사용
	아이섀도 베이스 브러시 (Eye shadow base brush)	• 넓고 부드러운 브러시로, 아이섀도 베이스를 눈두덩이에 넓게 펴 바를 때 사용 • 고운 발색을 위해 부드러운 천연모를 주로 사용
	아이섀도 포인트 브러시 (Eye shadow point brush)	• 작고 탄력 있는 브러시로, 눈매를 또렷하게 만들기 위해 포인트 컬러를 얹을 때 사용 • 섬세한 표현을 위해 인조모와 천연모가 혼합된 형태가 많음
	아이라이너 브러시 (Eyeliner brush)	• 얇고 뾰족한 브러시로 아이라인을 그릴 때 사용 • 탄력있고 부드러운 브러시로 납작한 것이 좋음
	립 브러시 (Lip brush)	• 작은 타원형 모양의 브러시로, 립 컬러를 정확하게 바를 때 사용 • 적당한 탄력감을 가진 인조모로 입술 윤곽을 깔끔하게 표현

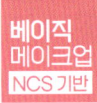

3) 베이스 제품용 도구 관리 방법

(1) 천연모 브러시 세척하는 방법

① 브러시가 잠길 정도의 미지근한 물에 브러시 전용 클렌저나 샴푸를 푼다.

② 브러시를 담가 흔들거나 적당한 힘으로 눌러 가며 메이크업 잔여물을 녹여낸다.

③ 잔여물이 나오지 않을 때까지 흐르는 물에 깨끗하게 헹군다.

④ 타월로 감싸 물기를 제거하고 털끝을 모아 눕히거나 털끝을 아래로 향하게 해 그늘에서 말린다.

(2) 인조모 브러시 세척하는 방법

① 폼 클렌저를 손바닥에 덜고, 물에 적신 브러시를 손바닥에 문질러 메이크업 잔여물을 녹여낸다.

② 충분히 거품이 나면 흐르는 물에 잔여물을 씻어 내고 마지막에 린스로 헹궈낸다.

③ 린스가 모에 남아 있지 않도록 깨끗하게 헹군다.

④ 브러시의 결을 가지런히 해서 통풍이 잘되는 그늘에서 건조한다.

(3) 면 퍼프 세척하는 방법

① 미지근한 물에 퍼프를 충분히 적시고, 적당량의 폼 클렌저나 주방 세제를 면 퍼프에 묻힌다.

② 양손으로 퍼프를 잡고 엄지손가락만 이용해 세제를 펼쳐가며 오염된 부분을 씻어 낸다. 어느 정도 거품이 나면 주무르고 비벼가며 씻는다. 이때 과도하게 주무르거나 비비면 퍼프가 뭉칠 수 있으니 주의한다.

③ 흐르는 미온수에서 맑은 물이 나올 때까지 거품을 없앤다. 마른 타월을 이용해 퍼프를 감싸 두드려서 물기를 없앤 후 통풍이 잘되는 그늘에서 건조한다.

(4) 스펀지 세척하는 방법

① 폼 클렌저를 스펀지에 직접 묻혀 양손으로 쥐고 엄지손가락으로 눌러 거품을 낸다.

② 충분히 거품이 나고 얼룩이 지워지면 흐르는 미온수에 잘 헹군다.

③ 잘 주물러 스펀지 속까지 헹구고 마른 타월로 감싸 가볍게 두드려 물기를 뺀다.

④ 통풍이 잘되는 그늘에 세워 두면 건조가 빠르다.

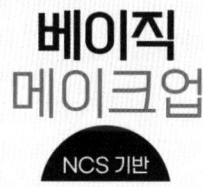

베이직 메이크업
NCS 기반

베이직
메이크업
NCS 기반

III. 색채학

1. 색채의 정의 및 개념
2. 색의 분류
3. 색의 3속성과 톤
4. 색의 혼법
5. 색의 배색
6. 색의 이미지

1. 색채의 정의 및 개념

1) 색

색은 물체가 빛을 반사하거나 방출할 때 나타나는 시각적 감각으로, 인간의 눈에 인식되는 다양한 요소를 포함한다. 색은 주로 빛의 파장에 의해 결정되며, 각 색은 특정 파장 범위를 가지고 있어 우리의 눈이 이를 어떻게 인식하는지에 따라 좌우된다. 또한 색은 감정과 기분에 영향을 미치며, 특정 색은 안정감, 흥분 또는 긴장감을 불러일으킨다. 마지막으로 색은 문화에 따라 다르게 해석되고 다양한 의미를 가진다.

2) 색채

색채는 색의 다양한 특성, 조합, 그리고 상호작용을 연구하는 분야로, 미적 요소로서의 색의 사용을 포함한다. 이 분야는 색이 시각적으로 어떻게 인식되고, 사람의 감정 및 행동에 어떤 영향을 미치는지 탐구한다. 또한, 색채는 디자인, 예술, 패션, 심리학 등 여러 분야에서 중요한 역할을 하며, 색의 조화와 대비를 통해 시각적 효과를 극대화하는 방법을 연구한다. 색채 이론은 색의 혼합, 색상환, 색의 온도와 밝기 등을 다루어, 색을 효과적으로 활용하는 데 필요한 지식을 제공한다.

3) 빛

빛은 전자기파의 한 형태로, 인간의 눈에 인식될 수 있는 파장 범위를 가지며, 색을 형성하는 기본 요소이다. 이 파장 범위는 약 380nm에서 750nm까지 이르며, 각 파장은 서로 다른 색을 나타낸다. 빛은 물체에 의해 반사되거나 흡수되며, 반사된 파장에 따라 색이 결정된다. 또한, 조명 조건에 따라 색의 인식이 달라질 수 있다. 즉, 빛은 색의 생성과 인식에 중요한 역할을 한다.

※ nm: 나노미터

2. 색의 분류

1) 무채색

색을 띠지 않는 색을 의미하며, 흑백 계열을 가리킨다. 대표적인 무채색으로는 흰색, 검은색, 회색이 있으며, 명도(밝기)만으로 구분된다.

무채색은 주로 색의 대비를 강조하거나 차분하고 단정한 분위기를 연출할 때 사용된다.

2) 유채색

색을 띠는 모든 색을 의미한다. 색상, 명도, 채도로 구분되며 이 세 가지 요소의 조합에 따라 색의 특성이 결정된다. 유채색은 일반적으로 사물의 색이나 자연에서 볼 수 있는 다양한 색들을 지칭하며, 감정이나 분위기를 표현하는 데 중요한 역할을 한다.

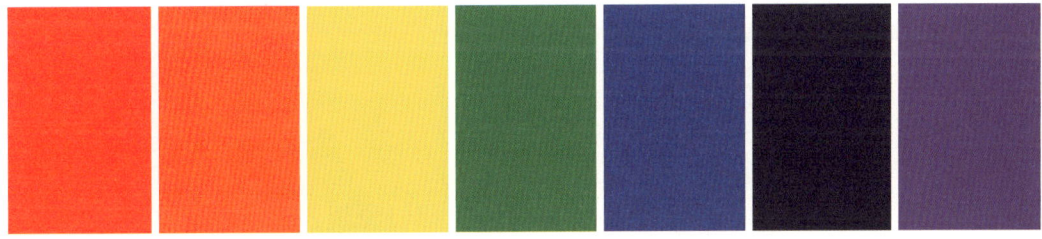

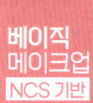

3. 색의 3속성과 톤

1) 색상 (Hue)

색상은 색 그 자체의 고유한 특성을 나타내며, 빨강, 주황, 노랑 등 색의 이름에 해당하는 속성이다. 색상은 빛의 파장에 따라 달라지며, 색을 구분하는 가장 기본적인 기준이 된다.

색상은 크게 무채색과 유채색으로 나뉘며, 무채색에는 흰색, 검은색, 회색이 포함된다.

유채색은 다시 따뜻한 색과 차가운 색으로 구분된다. 따뜻한 색은 빨강색, 주황색, 노랑색으로, 따뜻함을 느끼게 하고 에너지를 주는 특성이 있다. 차가운 색은 파란색, 녹색, 보라색 등으로 시원함과 안정감을 주는 특성이 있다. 따뜻함과 차가움을 느끼지 않는 색은 중성색으로 분류되며, 주로 회색이나 베이지색 등이 이에 해당한다. 이러한 색상 분류는 디자인, 미술, 메이크업 등 다양한 분야에서 색의 조화와 효과를 이해하는 데 도움을 준다.

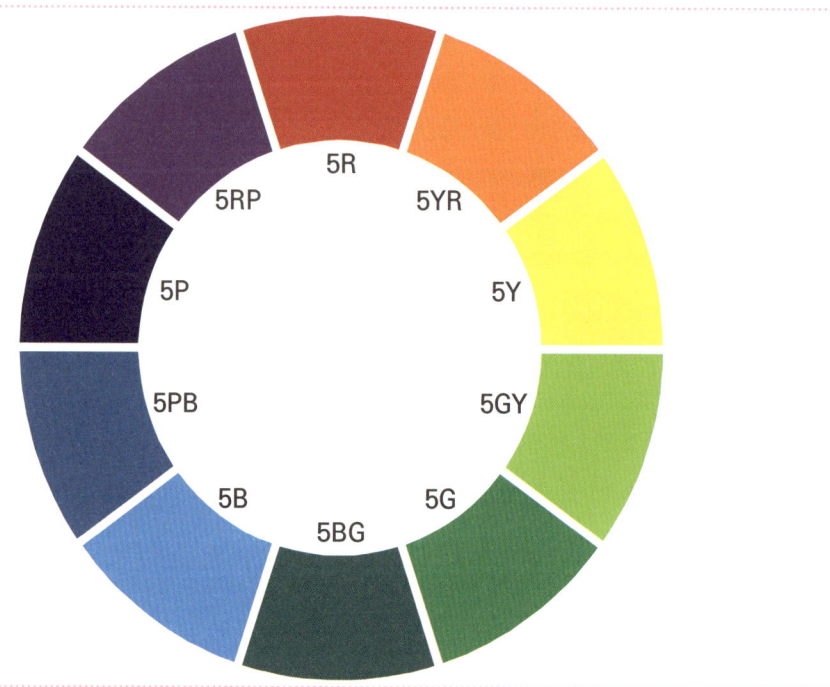

먼셀색상환

2) 채도 (Saturation)

채도는 색의 선명도와 순도를 나타내는 속성으로, 색의 강렬함을 나타낸다. 채도가 높을수록 색이 선명하고 강렬하게 보이며, 생동감을 느낄 수 있다. 반면, 채도가 낮을수록 색은 흐릿해지거나 회색에 가까워지며 덜 선명하게 나타난다.

채도는 색상과 함께 색의 인상을 결정하는 중요한 요소로, 높은 채도의 색은 주목성을 높이고 에너지를 전달하는 반면, 낮은 채도의 색은 차분하고 우아한 느낌을 준다. 이러한 채도 조절은 디자인, 미술, 패션, 메이크업 등 다양한 분야에서 시각적 효과를 극대화하는 데 활용된다.

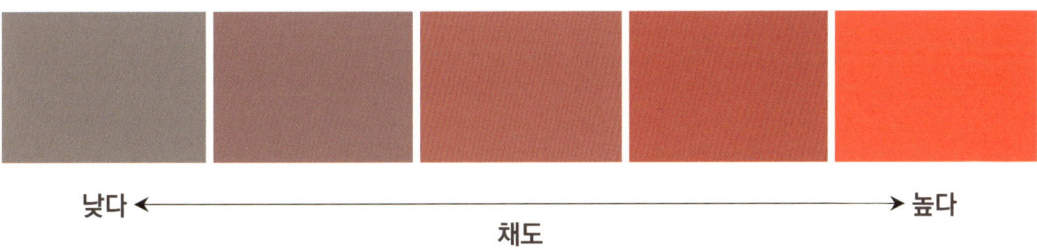

3) 명도 (Value)

명도는 색의 밝고 어두운 정도를 나타내는 속성으로, 명도가 높을수록 밝은 색을 의미하고 명도가 낮을수록 어두운 색을 의미한다. 예를 들어, 흰색은 고명도를, 검은색은 저명도를 가진다.

고명도 색은 부드럽고 가벼운 느낌을 주며, 시각적으로 전진감이 있어 가까이 다가오는 듯한 효과를 준다. 이 특성을 활용하여 메이크업에서 하이라이트를 표현하면 피부에 생기를 더하고 입체감을 강조할 수 있다.

반면, 저명도 색은 차분하고 무거운 느낌을 주며, 시각적으로 후퇴감이 있어 뒤로 물러나는 듯한 효과를 준다. 이 특성을 이용해 메이크업에서 윤곽을 표현하면 얼굴의 형태를 강조하고 세련된 인상을 줄 수 있다.

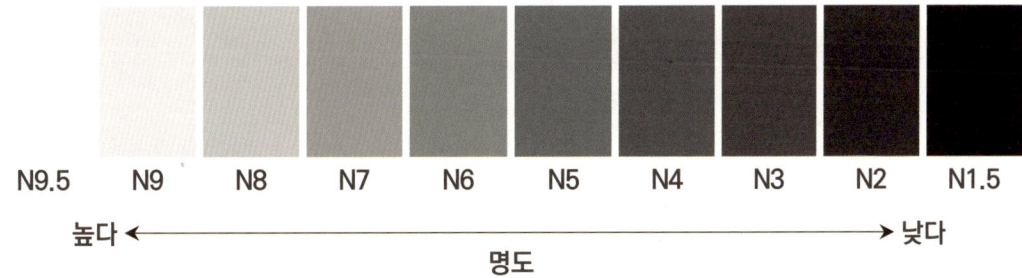

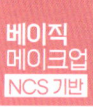

4) 톤 (Tone)

톤은 색의 명도, 채도, 색상을 조합하여 색의 느낌을 결정짓는 요소이다. 톤은 색의 분위기를 조절하는 데 중요한 역할을 하며, 밝고 가벼운 톤, 어둡고 무거운 톤, 부드럽고 은은한 톤 등 다양한 느낌을 만들어낸다. 예를 들어, 고명도와 고채도의 조합은 생기 있고 활기찬 느낌을 주며 저명도와 저채도의 조합은 차분하고 우아한 인상을 줄 수 있다.

이러한 톤의 조절은 색을 더욱 세밀하게 구분하고 다양한 색채 표현을 가능하게 하여 디자인, 예술, 패션, 메이크업 등 여러 분야에서 효과적으로 활용된다. 톤을 이해하면 색의 조화와 감정을 효과적으로 전달할 수 있다.

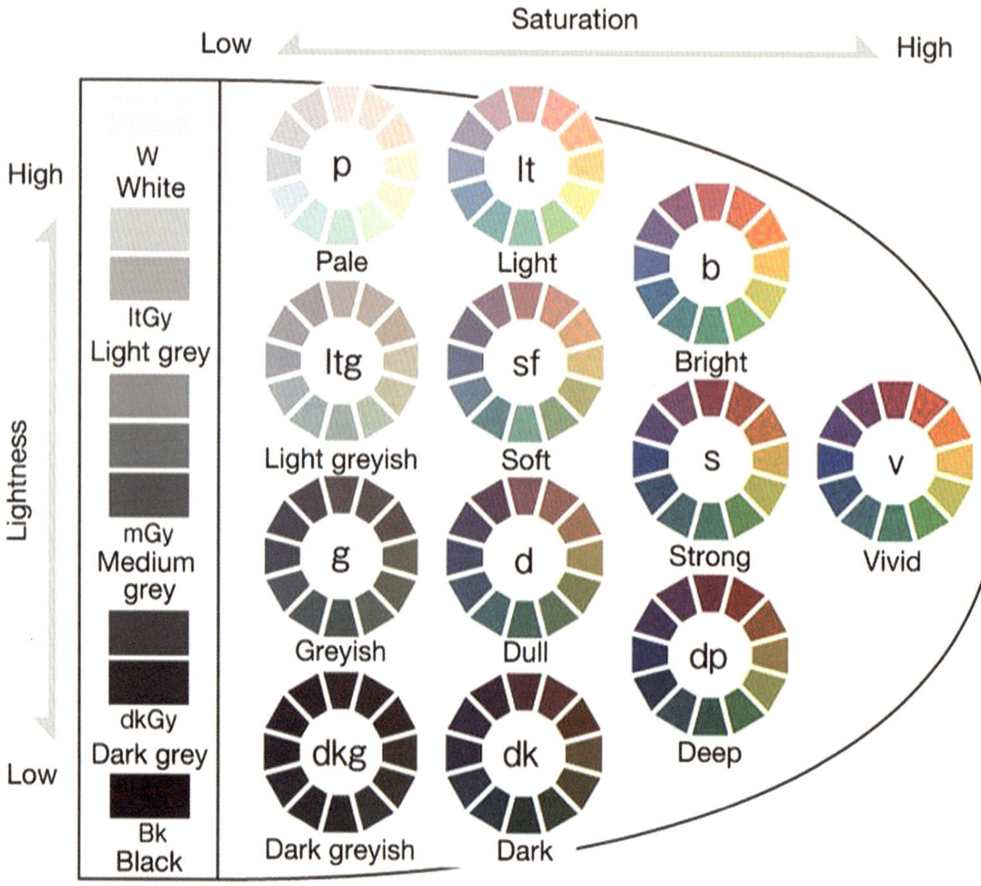

: PCCS색체계

4. 색의 혼법

1) 감법 혼색 (색의 혼합)

감법 혼색은 물감, 잉크, 염료 등 물질적인 색을 혼합하는 방법으로, 물체가 빛을 흡수하는 방식을 기반으로 한다. 이 방식에서는 색을 섞을수록 더 많은 빛이 흡수되어 색이 어두워지므로 '감법'이라는 용어가 사용된다.

감법 혼색의 기본색은 시안(Cyan), 마젠타(Magenta), 노랑(Yellow)이며, 이를 CMY 색 모델이라고 한다. 시안, 마젠타, 노랑 중 두 가지 색을 섞으면 어두운 색이 생성되며, 세 가지 색을 모두 섞으면 검은색에 가까운 색이 만들어진다.

프린터에서 사용하는 잉크 색상이 감법 혼색의 대표적인 예시로, 여러 색의 잉크를 혼합하여 다양한 색을 구현할 수 있다. 이러한 혼합 방식은 인쇄, 회화, 디자인 등 여러 분야에서 색을 표현하는 데 중요한 역할을 한다.

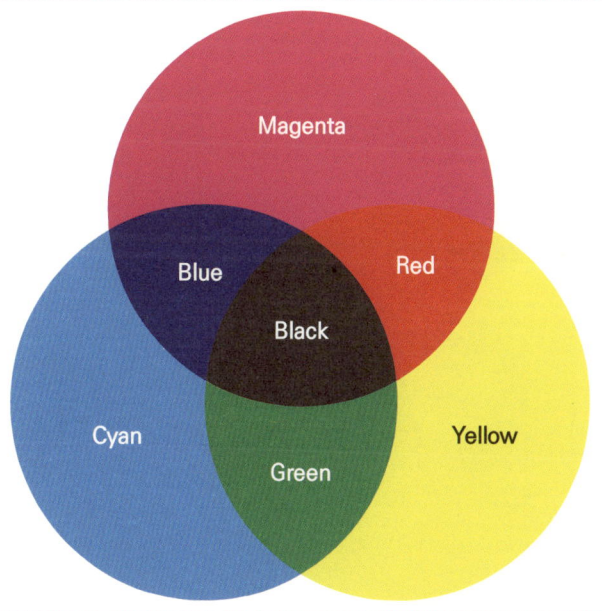

: CMY 색 모델

2) 가법 혼색 (빛의 혼합)

가법 혼색은 빛의 색을 혼합하는 방법으로, 색을 섞을수록 더 많은 빛이 추가되어 색이 밝아진다. 이 방식은 빛을 더하여 색을 만드는 혼합 방식이기 때문에 '가법'이라는 용어가 사용된다.

가법 혼색의 기본색은 빨강(Red), 초록(Green), 파랑(Blue)이며, 이를 RGB 색 모델이라고 한다. 빨강, 초록, 파랑 중 두 가지 색을 섞으면 더 밝은 색이 만들어지며, 세 가지 색을 모두 섞으면 흰색이 만들어진다.

이러한 가법 혼색 방식은 컴퓨터 모니터, TV, 스마트폰 화면 등에서 빛을 혼합해 색을 표현하는 데 널리 사용된다. 가법 혼색을 통해 다양한 색상을 구현하고, 화면의 밝기와 색감을 조절할 수 있다.

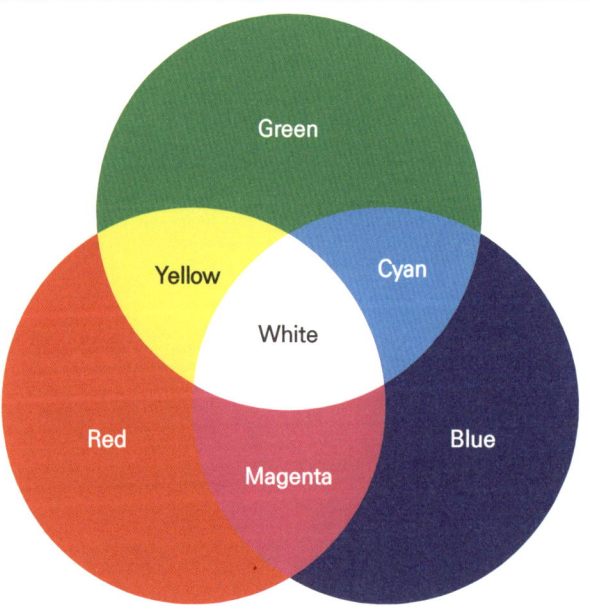

: RGB 색 모델

5. 색의 배색

1) 동일색상 배색 (Monochromatic color scheme)

같은 색상을 사용하되, 명도와 채도를 달리하여 배색하는 방법이다. 같은 색상 안에서 명도와 채도의 차이로 변화를 주기 때문에 부드럽고 일체감이 있는 느낌을 준다. 색상에 의한 강한 대비가 없기 때문에 안정적이고 차분한 인상을 만든다.

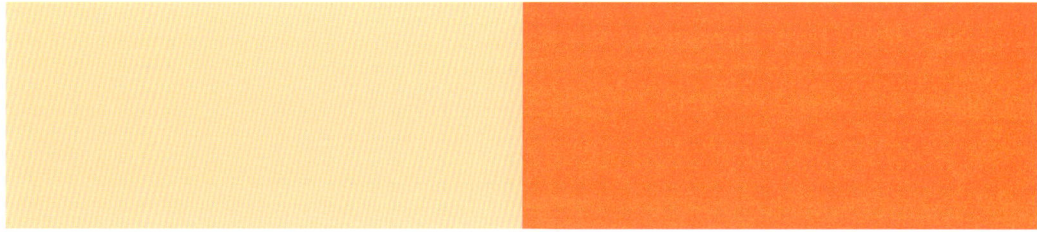

2) 유사색상 배색 (Analogous color scheme)

색상환에서 서로 인접한 색들(보통 30~60도 이내의 색상)을 배색하는 방법이다. 자연스럽고 조화로운 느낌을 주며, 시각적 편안함을 준다. 색상 간의 대비가 크지 않기 때문에 은은한 분위기를 연출할 수 있다.

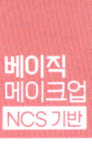

3) 보색색상 배색 (Complementary color scheme)

색상환에서 서로 반대편에 위치한 색상을 배색하는 방법이다. 서로 반대되는 색이 강한 대비를 이루어 선명하고 눈에 띄는 효과를 주며, 주로 시각적 집중이나 강조를 원할 때 사용된다.

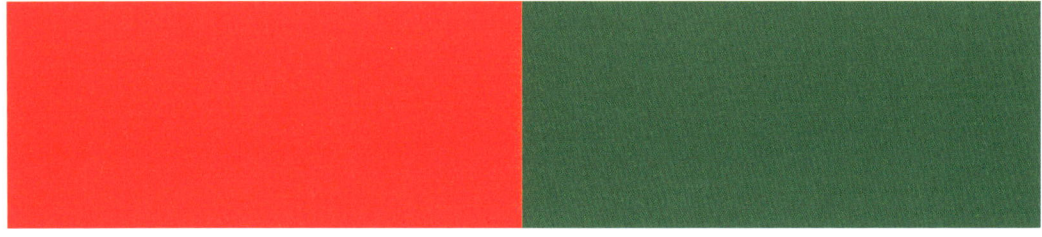

4) 톤 온 톤 배색 (Tone-on-tone color scheme)

동일한 색조 안에서 명도 차이를 비교적 크게 조정하여 배색하는 방법이다. 이는 색상의 미묘한 변화를 통해 조화를 이루면서도 단조로움을 줄이는 효과가 있다. 또한, 은은하면서도 고급스러운 분위기를 연출할 수 있다.

5) 톤 인 톤 배색 (Tone-in-tone color scheme)

명도와 채도가 유사한 색상들을 배색하는 방법이다. 이는 색상 간의 명도나 채도가 비슷하여 부드럽고 자연스러운 조화를 이룬다. 강약 대비는 크지 않지만, 세련되고 통일감 있는 느낌을 준다.

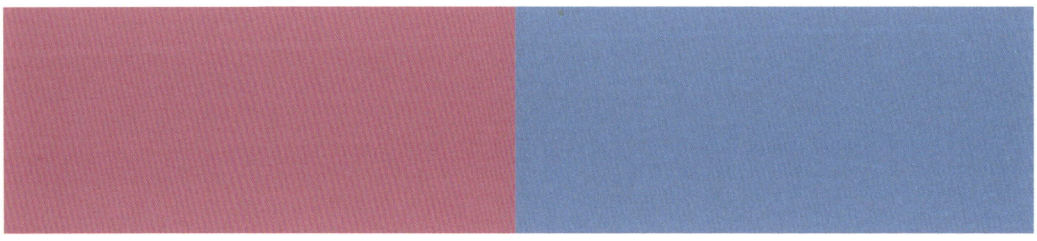

6) 콘트라스트 배색 (Contrast color scheme)

명도, 채도, 색상 등에서 크게 대비를 이루는 색들을 배색하는 방법이다. 시각적인 강한 대비 효과를 통해 역동적이고 생동감 있는 느낌을 준다. 주목성과 시각적 관심을 끌기에 적합한 배색 방법이다.

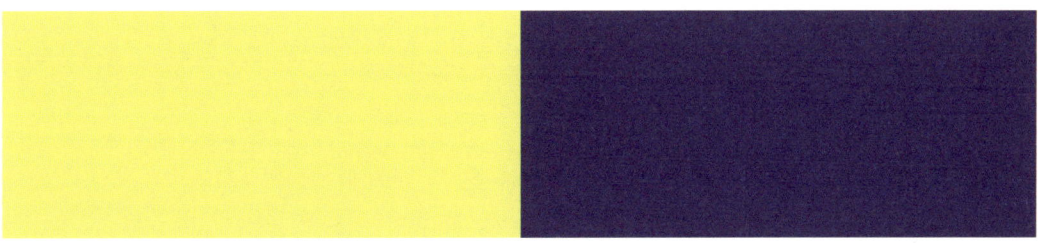

7) 그라데이션 배색 (Gradation color scheme)

색상, 명도, 채도를 점진적으로 변화시키면서 자연스럽게 이어지도록 배색하는 방법이다. 색상이 부드럽게 이어지기 때문에 부드럽고 서정적인 느낌을 준다. 주로 배경이나 디지털 디자인에서 많이 사용된다.

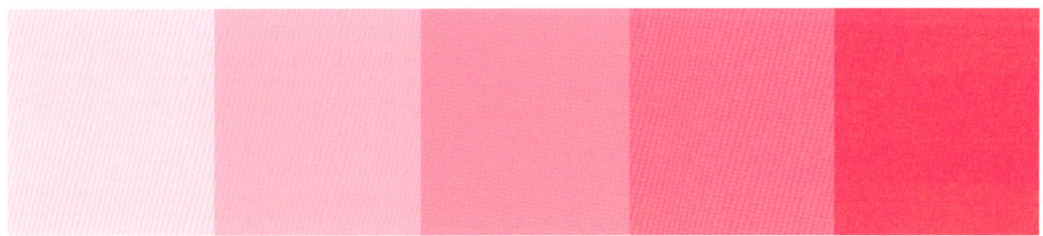

다양한 배색 방법은 색의 조화를 통해 분위기와 감정을 효과적으로 표현할 수 있는 수단이다. 배색의 선택은 어떤 효과를 원하느냐에 따라 달라질 수 있으며, 각 배색 방법은 고유한 시각적 감각을 제공한다.

6. 색의 이미지

색의 이미지는 각 색상이 사람들에게 전달하는 감정적, 심리적, 시각적 인상을 의미한다. 색상마다 고유의 이미지를 가지고 있으며, 문화나 상황에 따라 다르게 해석되기도 하지만 일반적으로 다음과 같은 이미지를 가진다.

색상	색의 이미지
빨간색 (Red)	• 열정, 사랑, 자신감, 에너지, 힘, 위험, 흥분, 경고 • 강렬하고 활기찬 느낌 • 힘, 열정, 자신감을 상징하는 동시에 공격적, 분노, 경고, 위험을 상징
주황색 (Orange)	• 활기, 따뜻함, 창의성, 모험, 열정, 상상력, 기쁨, 낙관, 주목, 경고 • 친근한 느낌을 주며, 따뜻함과 함께 흥미로운 에너지를 전달 • 창의적이고 역동적인 활동에 적합한 색상
노란색 (Yellow)	• 희망, 행복, 에너지, 긍정, 지성, 창의성, 경고, 주의 • 밝고 긍정적인 느낌을 주는 색으로, 햇살이나 에너지를 연상시킴 • 과도하게 사용될 경우 불안함이나 주의해야 한다는 경고의 느낌
초록색 (Green)	• 자연, 생명, 치유, 균형, 신선함, 안정, 평온, 신뢰, 안전, 성장 • 차분하고 조화로운 느낌을 주고 눈을 편안하게 해주는 색 • 마음의 평화를 주는 치유의 색으로, 심리적으로 편안함을 주어 스트레스를 완화
파란색 (Blue)	• 차분함, 신뢰, 평온함, 안정감, 냉정함, 지적임, 이성적, 분석적 • 은은한 감정을 표현할 때 자주 사용 • 공기와 물을 연상시키며 자연적인 이미지
남색 (Navy)	• 권위, 전문성, 신뢰, 지성, 절제, 고급스러움, 깊이감 • 고요하고 안정적인 신뢰감을 주며, 심리적으로 깊이감을 전달 • 전문직이나 학문적인 분위기를 강조하며, 지성적이고 권위적인 이미지
보라색 (Purple)	• 신비로움, 고급스러움, 창의성, 우아함, 영적임, 독창적 • 종교적 또는 영적인 분위기를 연출할 때 사용 • 강렬하면서도 세련된 느낌을 전달하는데 효과적
분홍색 (Pink)	• 사랑, 부드러움, 로맨스, 순수함, 젊음, 긍정적, 청순, 귀여움 • 부드럽고 로맨틱한 이미지 • 따뜻하고 달콤한 감정을 불러일으키며, 감성적이고 젊은 이미지 연상
갈색 (Brown)	• 안정감, 신뢰성, 자연스러움, 따뜻함, 견고함, 고전미, 중후함 • 대지와 자연을 연상시키며, 견고한 이미지를 전달 • 차분하고 자연스러운 분위기
흰색 (White)	• 순수함, 깨끗함, 결백함, 단순함, 새로움, 단정, 청결, 위생, 순결 • 깔끔하고 단정한 느낌을 주기 때문에 모던하고 미니멀한 디자인에 사용 • 고귀하고 기품있는 색으로 어떤 색상과도 잘 어울림
회색 (Gray)	• 중립적, 차분함, 절제, 세련됨, 안정감, 지성, 성숙, 현실적, 우울함 • 중립적이고 차분한 느낌이나 단독 사용 시 무기력한 느낌을 연출 • 차분하고 안정적이며 고급스러운 분위기를 연출하는 데 효과적
검은색 (Black)	• 고급스러움, 권위, 미스터리, 세련됨, 절제, 슬픔, 엄숙, 무게감 • 강렬하고 고급스럽지만 절제된 느낌 • 무겁고 어두운 분위기로 부정적인 느낌을 표현할 때 자주 사용

색의 이미지는 디자인, 패션, 마케팅 등 다양한 분야에서 감정적, 심리적 효과를 활용하는 데 중요한 역할을 한다. 색상을 적절히 선택하고 배치하면, 원하는 분위기와 메시지를 더 효과적으로 전달할 수 있다.

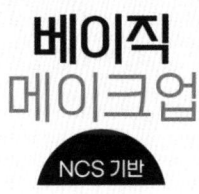

베이직
메이크업
NCS 기반

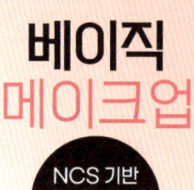

베이직
메이크업
NCS 기반

IV. 메이크업 테크닉

1. 얼굴 부위별 명칭 및 이상적 비율
2. 베이스 메이크업 하기
3. 색조 메이크업 하기

1. 얼굴 부위별 명칭 및 이상적 비율

1) 얼굴의 부위별 명칭

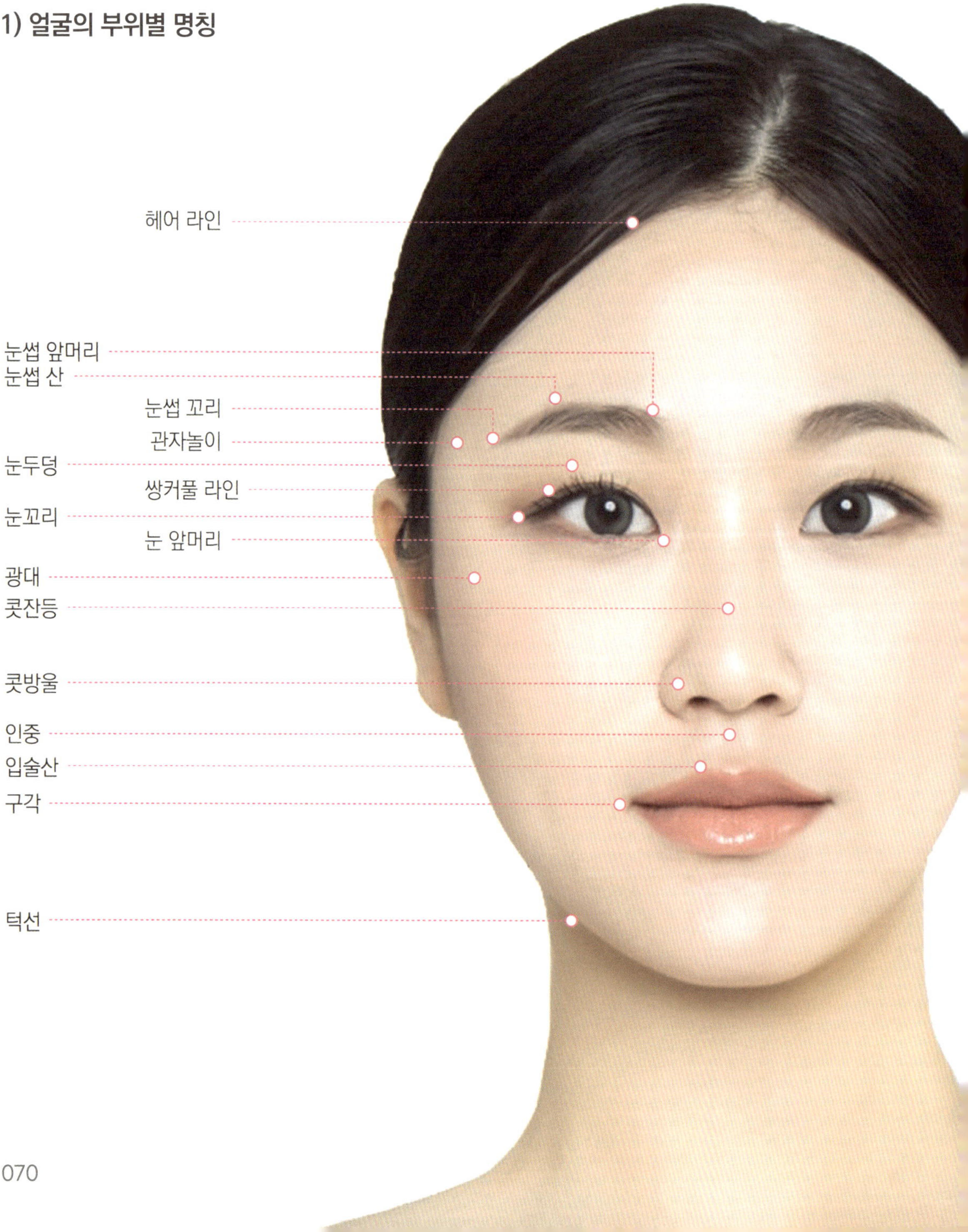

- 헤어 라인
- 눈썹 앞머리
- 눈썹 산
- 눈썹 꼬리
- 관자놀이
- 눈두덩
- 쌍커풀 라인
- 눈꼬리
- 눈 앞머리
- 광대
- 콧잔등
- 콧방울
- 인중
- 입술산
- 구각
- 턱선

2) 얼굴의 이상적 비율

- 얼굴의 이상적 비율은 눈, 코, 입 등 얼굴의 전체적인 균형을 의미한다.
- 이상적인 얼굴은 얼굴 전체의 균형이 잘 이루어졌을 때 나타나기 때문에, 얼굴의 특징을 파악하여 이상적 비율로 수정하는 것이 필요하다.
- 이상적인 얼굴 비율은 가로 : 세로 = 1 : 1.5 정도의 계란형(타원형)으로 보고 있다.

(1) 가로 분할

얼굴의 가로 분할은 헤어라인에서 턱 끝까지 3등분으로 나뉜다.

- 1등분 : 헤어라인에서 눈썹
- 2등분 : 눈썹에서 코 끝
- 3등분 : 코 끝에서 턱 끝

(2) 세로 분할

얼굴의 세로 분할은 왼쪽 귀에서 오른쪽 귀까지 5등분으로 나뉜다.

- 1등분 : 왼쪽 귀 끝에서 왼쪽 눈꼬리
- 2등분 : 왼쪽 눈꼬리에서 왼쪽 눈 앞머리
- 3등분 : 왼쪽 눈 앞머리에서 오른쪽 눈 앞머리
- 4등분 : 오른쪽 눈 앞머리에서 오른쪽 눈꼬리
- 5등분 : 오른쪽 눈꼬리에서 오른쪽 귀 끝

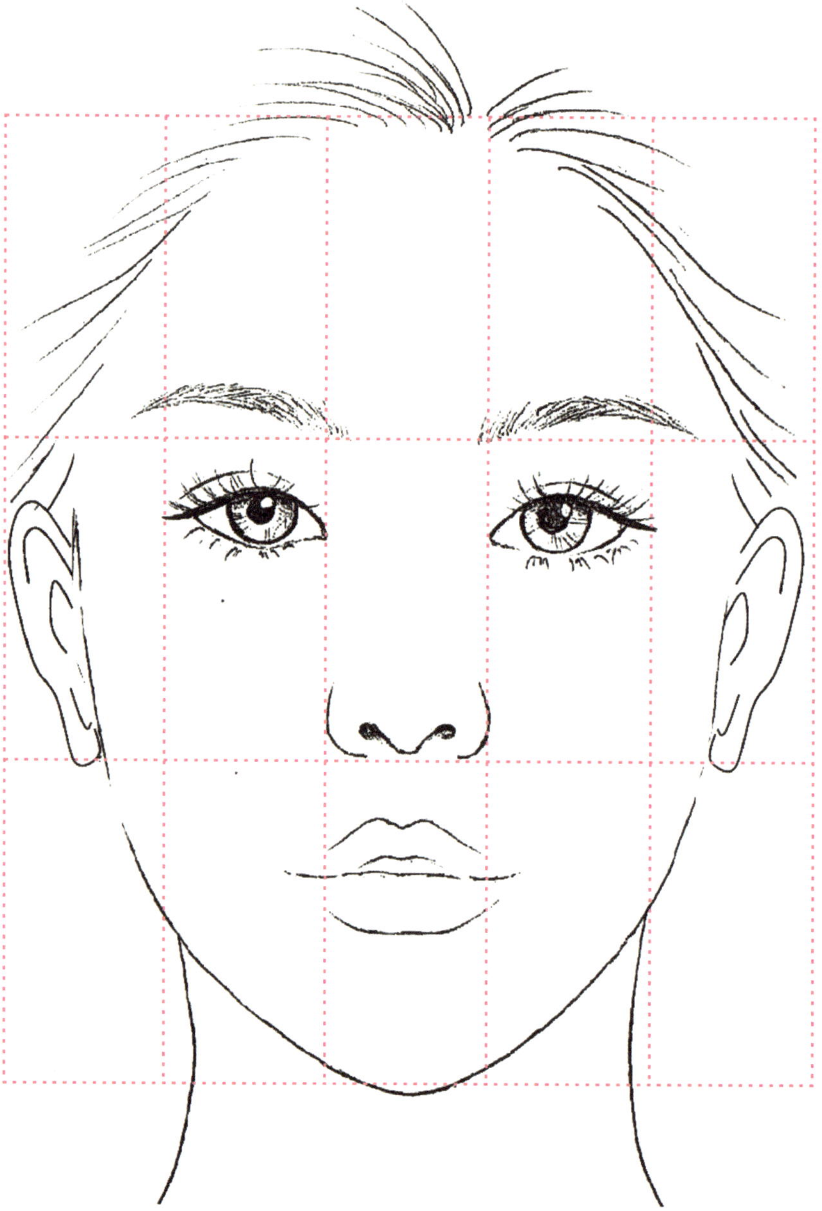

3) 눈썹 위치

- 눈썹 앞머리 : 콧방울에서 수직으로 위로 올라간 선이 눈썹과 만나는 지점에 위치한다.

- 눈썹 산 : 입꼬리에서 눈동자 바깥쪽을 연결하는 대각선이 눈썹과 만나는 지점에 위치한다.

- 눈썹 꼬리 : 콧방울과 눈꼬리를 연결하는 대각선이 눈썹과 만나는 지점에 위치한다.

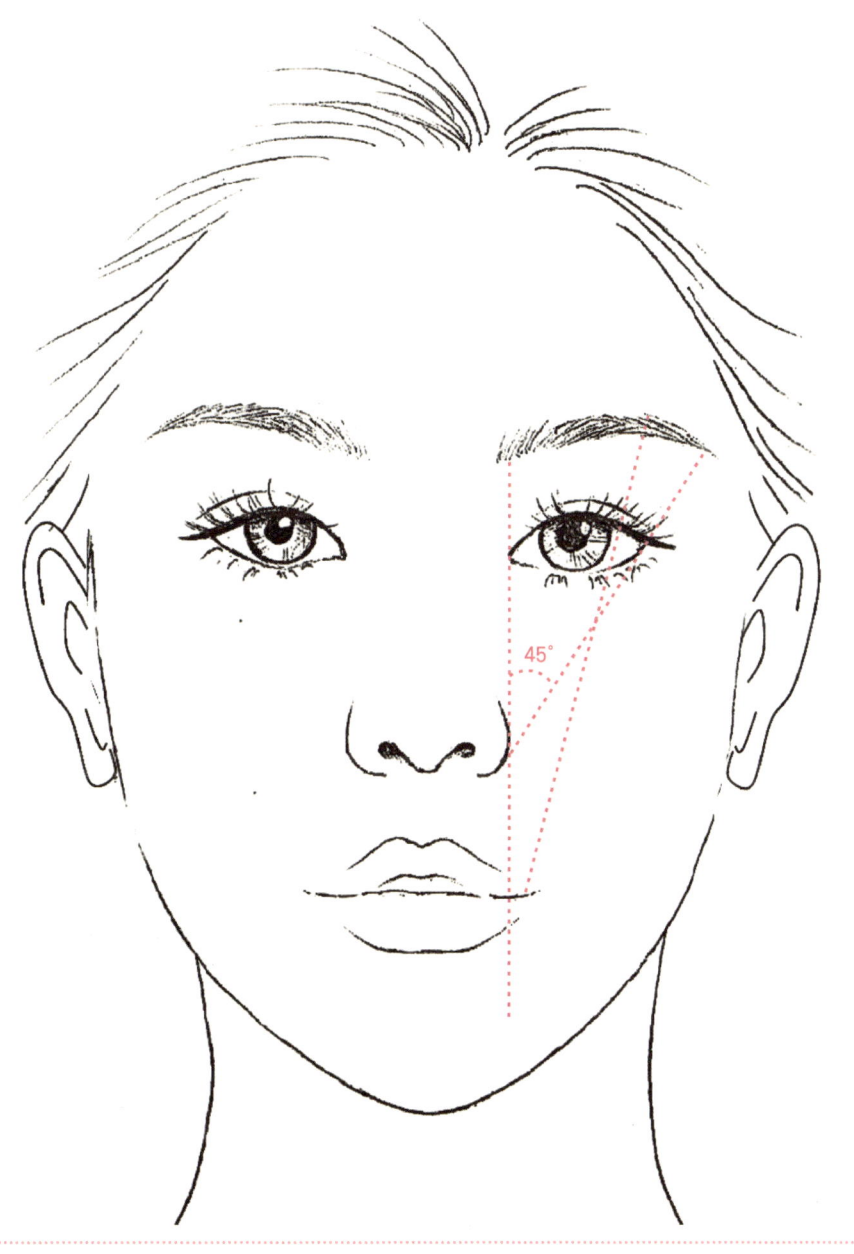

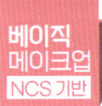

4) 눈과 눈 사이

눈과 눈 사이 간격은 미간에 눈 하나가 들어갈 정도의 넓이가 가장 이상적이다.

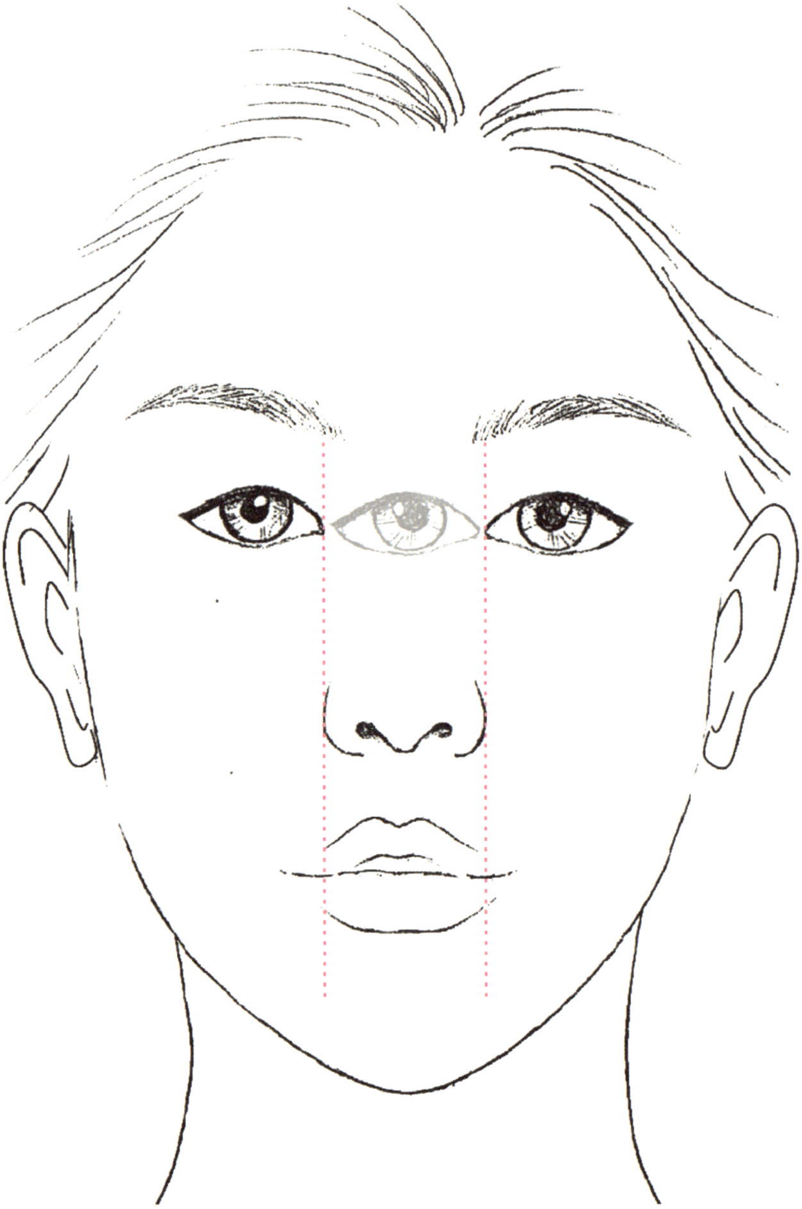

5) 코의 위치

- 코는 얼굴의 정 중앙에 위치한다.
- 콧대의 길이와 콧방울의 비율은 1:0.64 정도의 비율을 갖는 것이 가장 이상적이다.

6) 입술

- 입꼬리는 정면에서 봤을 때, 눈동자 안쪽 선이 수직으로 내려온 곳에 위치한다.
- 윗입술과 아랫입술의 비율은 1:1.5가 가장 이상적이다.

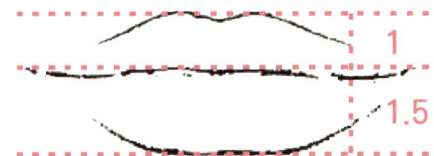

7) 페이스 존

얼굴 부위별 명칭은 O존, T존, Y존, U존, S존, 애플 존, 헤어 라인, 페이스 라인 등으로 구별된다.

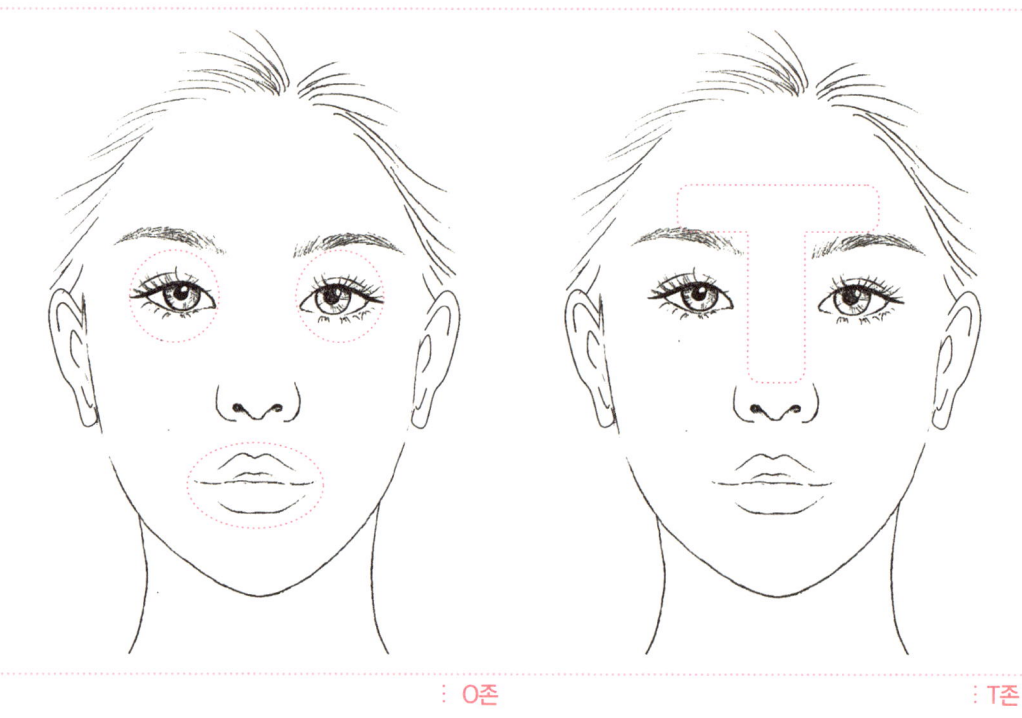

O존　　　　　　　　　　　　　T존

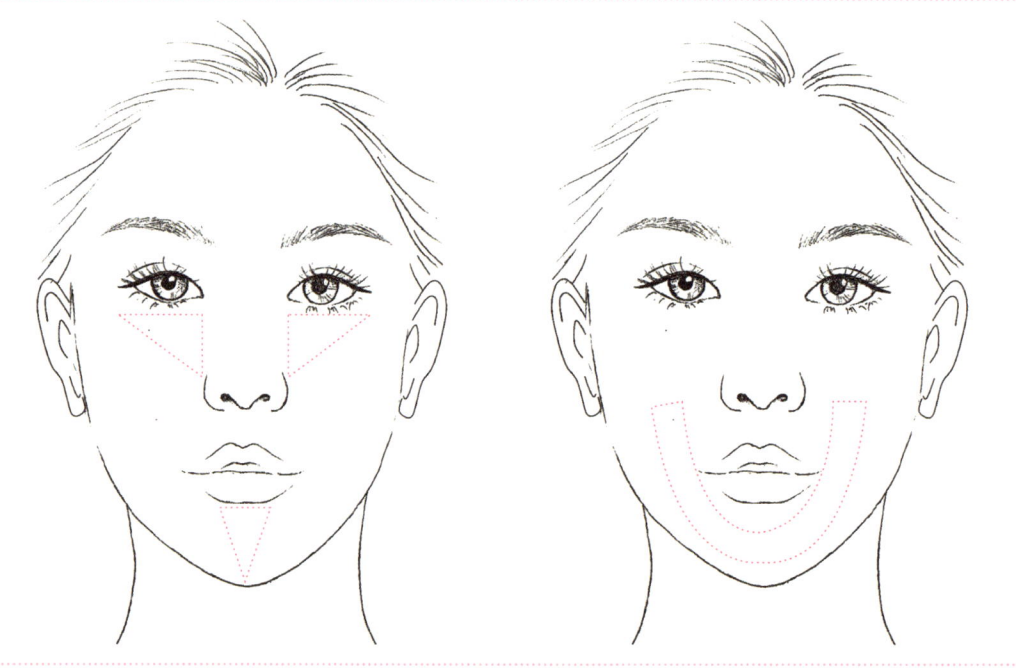

Y존　　　　　　　　　　　　　U존

Ⅳ. 메이크업 테크닉

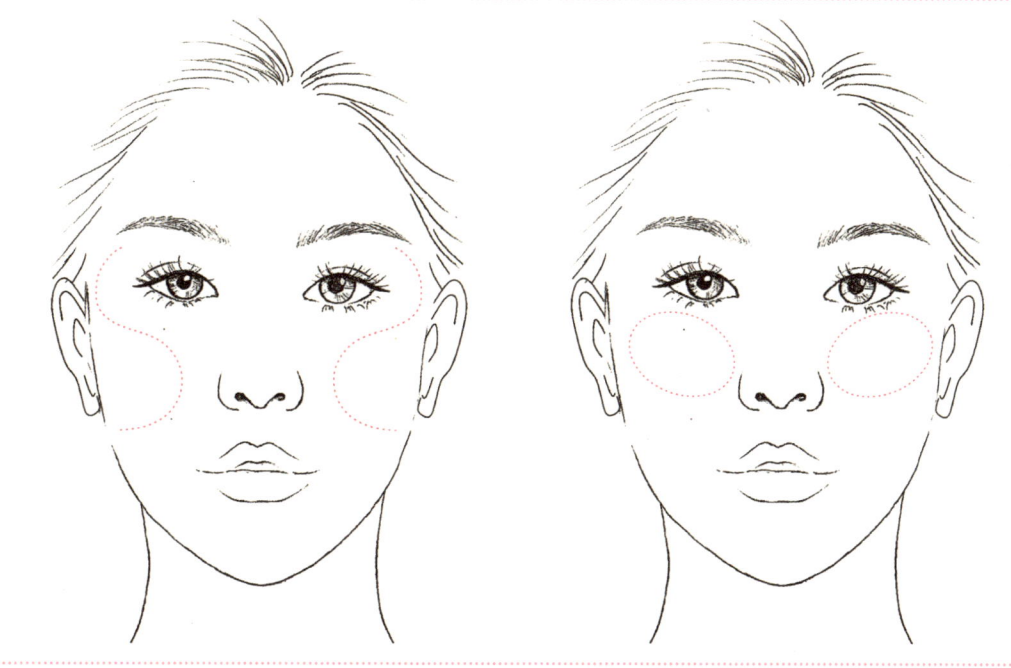

: S존   : 애플존

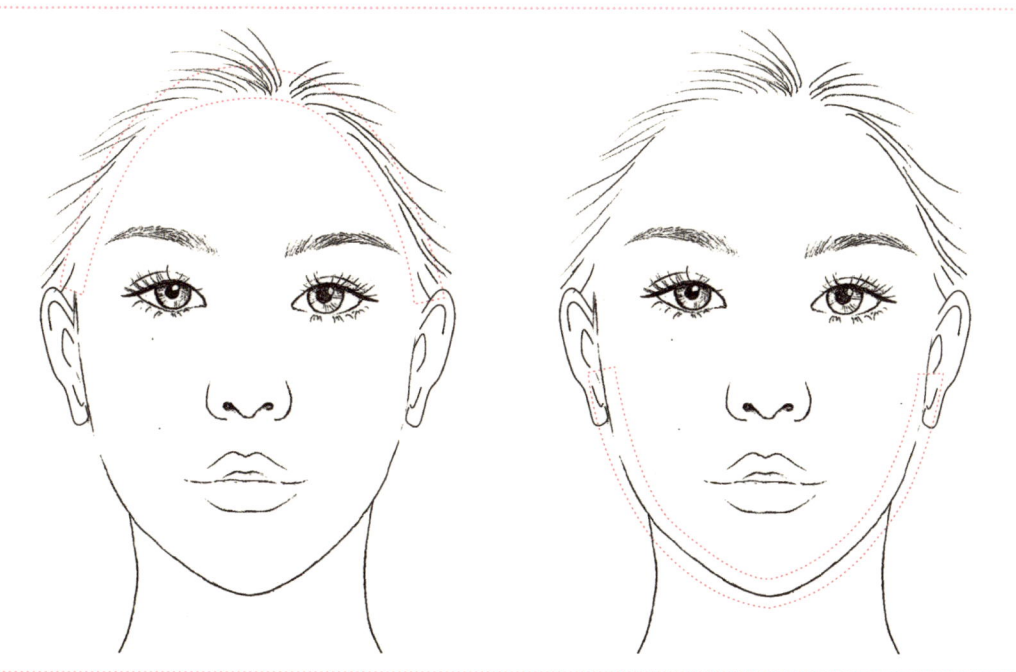

: 헤어 라인   : 페이스 라인

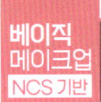

2. 베이스 메이크업 하기

1) 피부 표현 메이크업

(1) 메이크업 베이스

① 피부 유형에 따른 메이크업 베이스 제형을 선택한다.
- 리퀴드 제형: 가벼운 메이크업, 지성피부
- 크림 제형: 커버력이 필요한 피부, 건성피부

② 피부색에 알맞은 메이크업 베이스 색상을 선택한다.
- 모델의 피부 색조에 맞는 메이크업 베이스 색상을 선택하여 피부 색조를 보정한다.
- 피부 색조가 얼룩덜룩할 때에는 다양한 색상의 메이크업 베이스를 부분적으로 사용한다.

③ 선택한 메이크업 베이스를 바른다.
- 메이크업 베이스를 바를 때에는 적은 양을 이용하여 피부 색조 보정이 필요한 곳을 중점으로 펴 바른다.

(2) 컨실러

① 다크서클을 커버한다.
- 파운데이션보다 한 톤 밝은 색의 컨실러를 이용한다.
- 미세 주름까지 꼼꼼히 펴 바른다.
- 파운데이션과 경계가 생기지 않도록 브러시 또는 손가락으로 톡톡 가볍게 바른다.

② 모공을 커버한다.
- 기초 제품을 바른 후 남아 있는 유분기를 제거한다.
- 모공 프라이머를 스펀지에 덜어 모공을 메우듯 작은 원을 그리며 펴 바른다.
- 모공 파우더를 브러시에 묻혀 모공을 메워 마무리하기도 한다.

③ 여드름, 주근깨를 커버한다.
- 파운데이션과 같거나 약간 어두운 컬러의 컨실러를 브러시에 묻힌다.
- 여드름, 주근깨 부위에 가볍게 두드리듯 바른 후, 경계 부위를 가볍게 펼쳐준다.
- 컨실러로 한 번 더 가볍게 커버한다.

④ 안면 홍조를 커버한다.
- 메이크업을 하기 전에 얼려 둔 우려낸 녹차 티백 등으로 열기를 식힌다.
- 소량의 컨실러를 이용해 홍조 부분에 넓게 펴 바르고 스펀지로 가볍게 눌러 밀착력을 높인다.

(3) 파운데이션

① 피부 유형 및 메이크업 디자인의 종류에 따른 파운데이션 제형을 선택한다.
- 건조한 피부는 피부에 보습감을 줄 수 있는 리퀴드 타입을 사용한다.
- 잡티, 기미, 주근깨 등이 있는 눈 밑 뺨 부분은 크림 타입의 파운데이션을 이용하여 커버하기도 한다.

② 피부색에 맞는 파운데이션 색상을 선택한다.
- 자연스러운 메이크업은 피부색과 같은 색상이나 목 톤보다 한 톤 정도 밝은 색
- 뚜렷한 음영감을 주기 위해서는 피부 색조보다 반 톤 어두운 파운데이션을 사용하고, 하이라이트 존에만 본래 피부보다 한 톤 밝은 색을 사용한다.

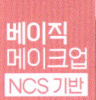

③ **파운데이션을 바른다.**

- 파운데이션이 많이 요구되는 부분: 이마, 뺨 등
- 파운데이션이 적게 요구되는 부분: 눈 주변, 입술 주변 등
- 파운데이션 양이 지나치게 많아지지 않도록 유의하면서 자연스럽게 펴 바른다.

(4) 파우더

① **파우더 제형을 선택한다.**

- 자연스러운 피부를 위한 메이크업에는 분말(파우더) 타입을 선택한다.
- 피지 흡수력이나 커버력이 필요한 경우, 휴대용으로는 압축 타입의 제형을 선택한다.

② **파우더 색상을 선택한다.**

- 피부색에 맞춰 파운데이션 색을 그대로 표현하는 경우 투명 파우더를 선택한다.
- 파우더는 다양한 컬러가 있으므로 메이크업 이미지에 따라 그에 맞는 파우더 색상을 선택한다.

③ **파우더를 바른다.**

- 넓은 부분은 부드럽고 가볍게 유분기를 제거해 준다.
- 눈 주변과 같은 좁은 부분은 파우더 퍼프를 반으로 접어 가볍게 눌러 준다.
- 파우더 브러시는 심한 건성 피부에 자연스러운 메이크업을 하기 위해 사용하며 적은 양을 가볍게 발라 준다.
- 브러시를 이용해 얼굴 라인에 파우더를 바르면 산뜻한 느낌을 줄 수 있다.

TIP.

- 베이스 메이크업 제품을 선택할 때에는 컬러감보다 보습감이나 밀착력이 좋은 제품을 선택하는 것이 좋다.
- 조명에 따라 피부색이 달라 보이는 점을 감안하여 푸른 조명인 형광등에는 핑크 계열의 파운데이션 색상을, 백열등처럼 붉은 조명에서는 아이보리 계열의 색상을 선택하는 것이 좋다. 햇빛 같은 자연광에서는 모델의 피부 톤에 맞게 선택한다.
- 우수한 파우더의 조건은 파우더의 입자가 섬세하고 뭉치지 않으며 가루가 미세하게 날리지 않는 것이 좋다.
- 남성의 피부 표현 메이크업은 얼굴의 넓은 부위와 중심 부위를 위주로 커버한다. 극소량의 BB 크림이나 자외선 차단용 파운데이션을 손가락이나 스펀지를 사용해 펴 바르되 피부 톤보다 밝게 표현되지 않도록 주의한다. 특히 면도한 상태의 턱 부분은 푸르스름한 피부 색조를 가지므로 컨실러를 사용하여 커버한다.
- 미세한 펄 입자가 섞인 쉬머한 느낌의 파우더를 이용하여 T 존과 애플 존에 얇게 펴 바르면 얼굴에 입체감을 부여할 뿐만 아니라 불필요한 유분감까지 없애준다. 팬 브러시를 이용하여 뭉쳐있는 파우더 등을 털어내고 헤어 라인도 파우더가 묻어 있지 않도록 털어 낸다.

2) 얼굴형에 따른 윤곽수정 메이크업

윤곽 수정 메이크업은 색의 명암 차를 이용해 착시 현상을 만들어 냄으로써 얼굴에 입체감을 살리고 얼굴형을 수정·보완하는 메이크업 방법이다. 크림과 파우더 제형을 사용하여 얼굴의 음영과 입체감이 필요한 부위에 자신의 피부색보다 한 톤 밝거나 어두운 색을 선택해 음영을 표현할 수 있다. 서로 다른 톤의 경계가 생기지 않도록 그라데이션하여 자연스럽게 표현한다.

구분	내용
베이스(Base) 컬러	• 피부 색조와 유사한 컬러를 선택하여 자연스럽게 표현
쉐딩(Shading) 컬러	• 음영을 주기 위해 피부 색조보다 1~2톤 어두운 색을 선택하여 얼굴의 각진 턱부분, 뺨, 넓은 이마, 헤어라인, 얼굴라인, 코 벽 등을 표현
하이라이트(Highlight) 컬러	• 화사하게 보이고 입체감을 주기 위해 피부 색조보다 1~2톤 밝은 색을 선택하여 T존, 눈밑 다크서클, 눈밑 지방, 눈썹뼈 부분, 턱의 가장 튀어나온 부분 등을 표현

(1) 타원형(Oval Face)

- 이상적인 얼굴형으로 메이크업을 할 때 기준으로 삼는 얼굴형이다.
- 하이라이트와 쉐딩을 이용한 착시 효과로 얼굴의 길이와 폭을 조정한다.

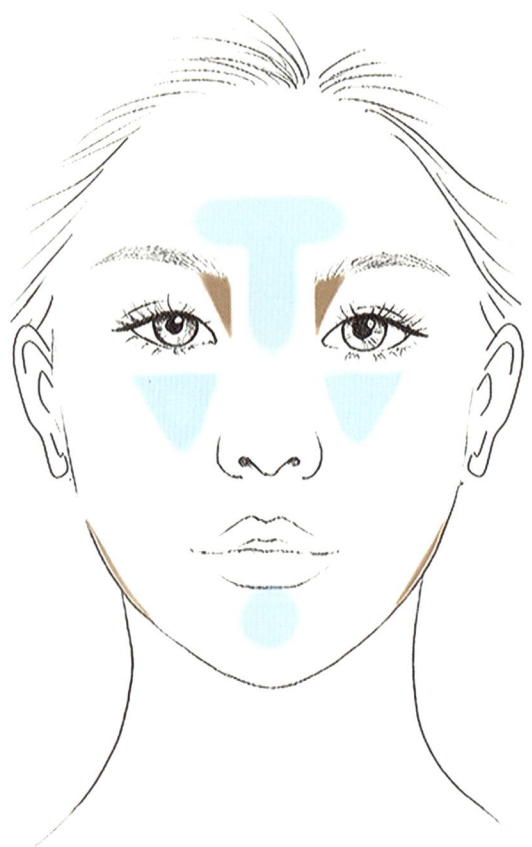

: 타원형 얼굴 수정 메이크업

(2) 둥근형(Round Face)

- 어려보이고 귀여운 이미지
- 얼굴 길이와 폭의 차이가 크게 나지 않는 얼굴형이다.
- 동그란 얼굴이 길어 보일 수 있도록 세로방향으로 윤곽 수정을 한다.
- 쉐딩 : 노즈, 헤어라인, 양쪽 턱선에 세로방향으로 연출한다.
- 하이라이트 : T 존에 길게 하이라이트를 넣고 눈 밑, 인중, 턱에도 세로 방향으로 연출한다.

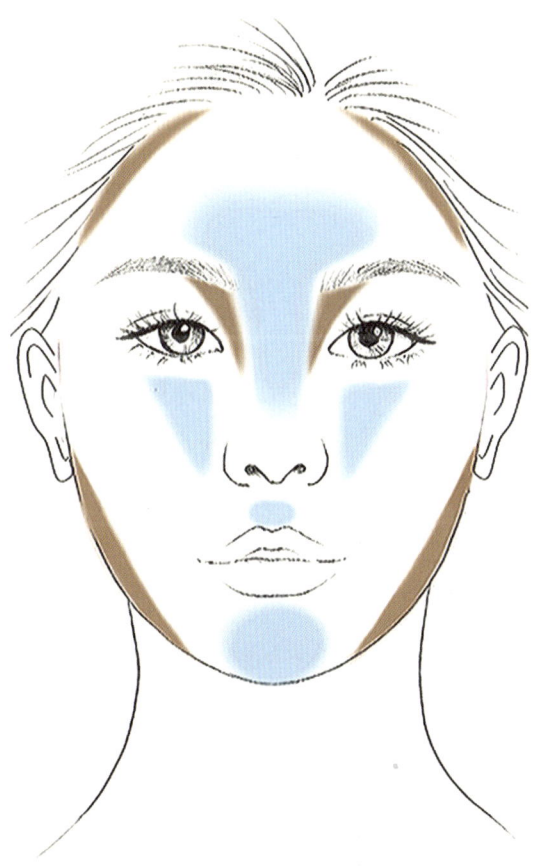

: 둥근형 얼굴 수정 메이크업

(3) 긴형(Oblong Face)

- 성숙하고 우아한 이미지
- 얼굴 길이에 비해 얼굴 폭이 좁은 얼굴형이다.
- 얼굴이 짧아 보일 수 있도록 가로 방향으로 윤곽 수정을 한다.
- 쉐딩 : 이마 상단, 턱 끝부분에 가로 방향으로 연출한다.
- 하이라이트 : 얼굴의 중앙 부분인 이마와 눈 밑에 하이라이트를 연출하여 시선이 집중되도록 한다.

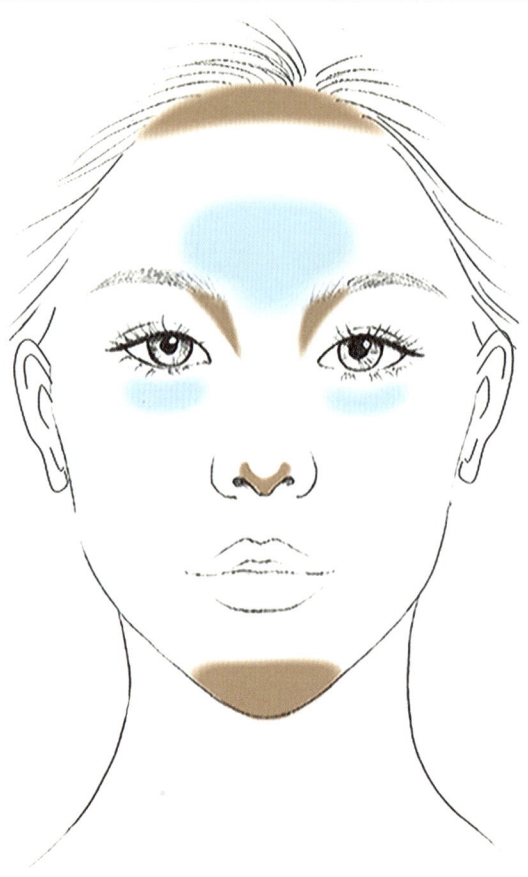

: 긴형 얼굴 수정 메이크업

(4) 역삼각형(Inverted Triangle Face)

- 지적이고 세련된 이미지
- 이마 상단이 넓고 상대적으로 턱이 좁고 뾰족한 얼굴형이다.
- 이마는 둥글게, 턱 끝이 뾰족한 느낌이 들지 않게 윤곽 수정을 한다.
- 쉐딩 : 헤어라인, 턱 끝부분에 좁게 연출한다.
- 하이라이트 : T존, 눈밑, 턱 중앙, 양볼에 하이라이트를 연출하여 뾰족해 보이는 턱이 부드러워 보일 수 있게 한다.

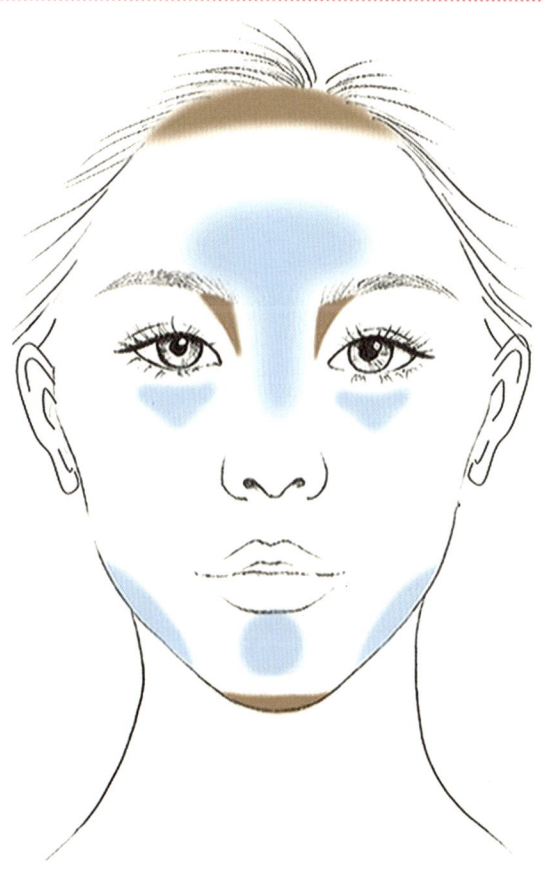

: 역삼각형 얼굴 수정 메이크업

(5) 사각형(Square Face)

- 동적이고 다소 남성적인 이미지
- 얼굴 폭이 넓고 턱 부분이 사각인 얼굴형으로 평면적인 느낌을 준다.
- 평면적인 느낌을 최소화하고 각진 턱이 부드러워 보일 수 있도록 윤곽 수정을 한다.
- 쉐딩 : 헤어라인, 얼굴 양쪽 턱 부분에 사선 방향으로 연출한다.
- 하이라이트 : T존, 눈 밑, 인중, 턱 끝에 하이라이트를 연출한다.

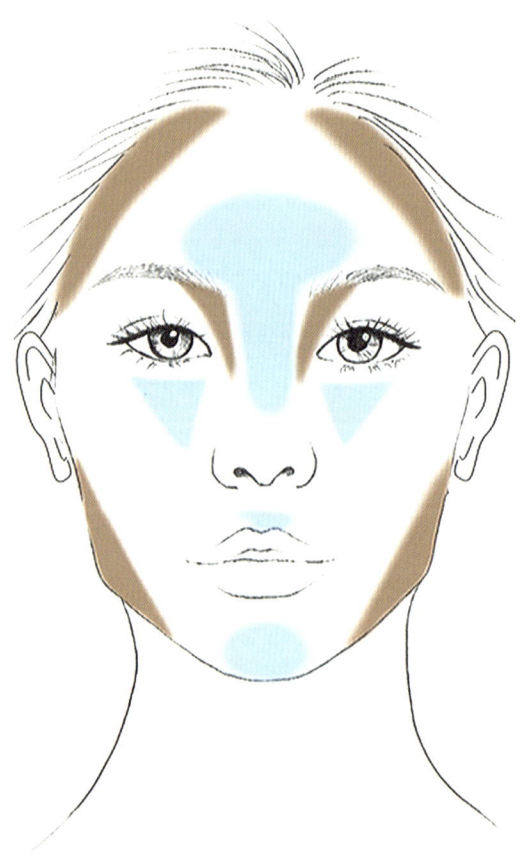

: 사각형 얼굴 수정 메이크업

(6) 마름모형(Diamond Face)

- 날카롭고 성숙한 이미지
- 이마와 턱이 길고 좁은 반면 광대가 상대적으로 부각되어 보이는 얼굴형이다.
- 얼굴의 길이감을 줄이고 선이 부드러워 보일 수 있도록 윤곽 수정을 한다.
- 쉐딩 : 이마 상단, 턱 끝에는 가로로, 광대 옆쪽으로는 세로로 연출한다.
- 하이라이트 : 이마 양옆, 양쪽 볼, T존, 눈밑에 하이라이트를 연출한다.

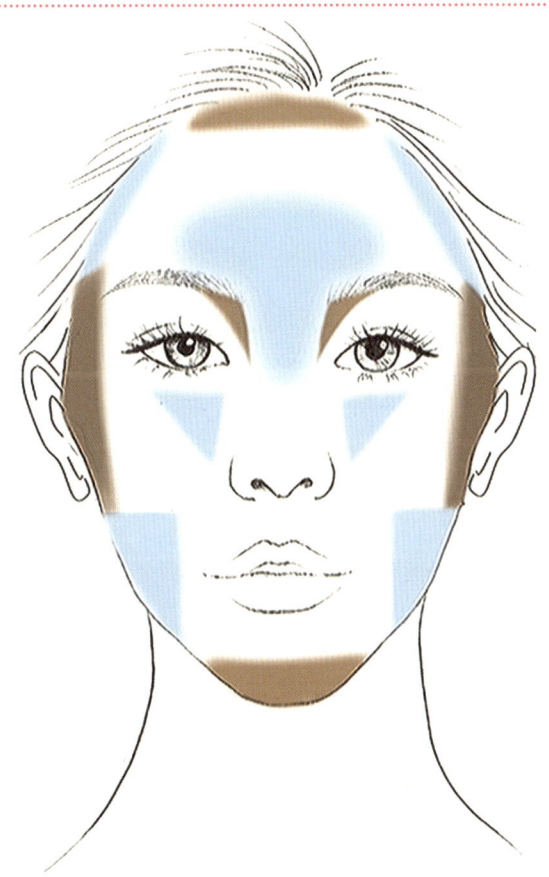

: 마름모형 얼굴 수정 메이크업

3. 색조 메이크업하기

1) 아이브로우 메이크업

눈썹은 얼굴의 인상을 결정짓는 데 큰 역할을 한다. 얼굴의 형태나 눈의 모양을 고려한 균형있고 조화로운 눈썹은 얼굴을 아름답고 돋보이게 하며, 눈썹산의 두께나 각도, 형태에 변화를 주어 이미지를 변화시킬 수 있다.

(1) 기본형 아이브로우 형태

① 얼굴형과 이미지를 고려하여 눈썹산과 눈썹 길이를 먼저 결정한다.

② 콧방울에서 수직으로 올려 만나는 곳에서 눈썹 앞머리가 시작된다.

③ 눈썹산은 눈썹길이의 2/3 지점으로 동공보다 안쪽으로 들어오지 않게 하며 눈썹산의 높이에 따라 이미지가 좌우되므로 유의한다.

④ 눈썹꼬리는 콧볼과 눈꼬리를 연장했을 때 만나는 지점이다. 눈썹 앞머리보다 아래로 내려오지 않게 주의하고 눈길이보다 약간 길게 그린다.

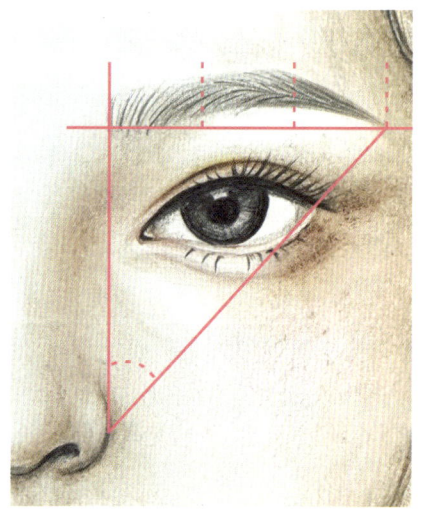

(3) 아이브로우 형태별 이미지

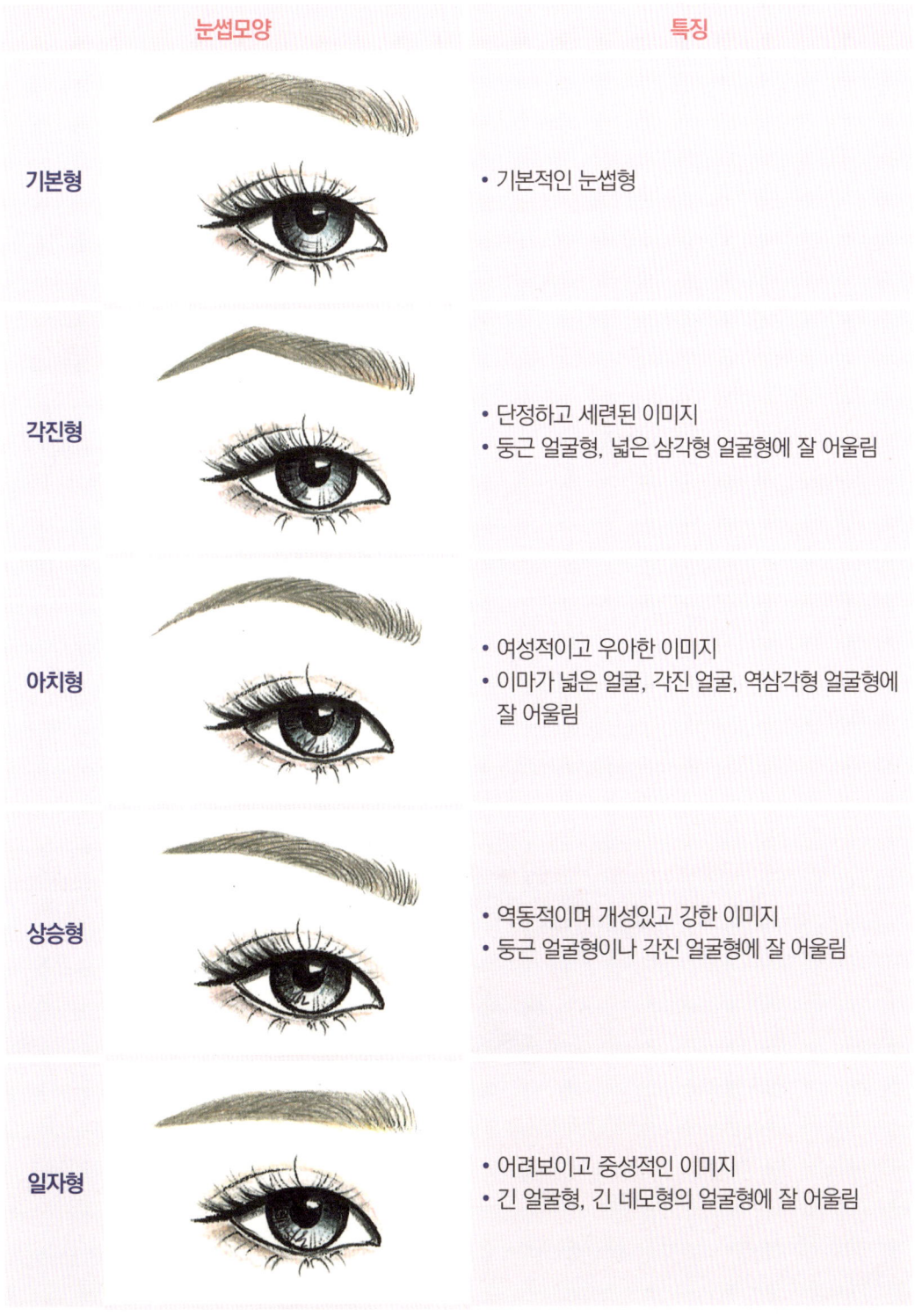

눈썹모양	특징
기본형	• 기본적인 눈썹형
각진형	• 단정하고 세련된 이미지 • 둥근 얼굴형, 넓은 삼각형 얼굴형에 잘 어울림
아치형	• 여성적이고 우아한 이미지 • 이마가 넓은 얼굴, 각진 얼굴, 역삼각형 얼굴형에 잘 어울림
상승형	• 역동적이며 개성있고 강한 이미지 • 둥근 얼굴형이나 각진 얼굴형에 잘 어울림
일자형	• 어려보이고 중성적인 이미지 • 긴 얼굴형, 긴 네모형의 얼굴형에 잘 어울림

2) 아이 메이크업

(1) 아이섀도

① 아이섀도 부위별 명칭

구분	내용
베이스(Base) 컬러	• 피부톤과 비슷한 컬러의 아이섀도를 눈두덩이에 넓게 바른다. • 베이스 컬러는 뒤이어 덧바를 메인 컬러와 포인트 컬러의 아이섀도를 돋보이게 하고, 피부 톤과 비슷한 컬러를 사용하여 자연스럽게 눈두덩이의 톤을 맞추어 준다.
메인(Main) 컬러	• 아이섀도 전체 분위기를 내는 색으로 베이스 컬러보다 진하고 포인트 컬러보다는 옅은 컬러를 선택한다. • 눈을 떴을 때 살짝 보이는 부분까지 바른다.
포인트(Point) 컬러	• 메인 컬러보다는 짙은 색으로 눈의 크기나 형태에 따라 쌍꺼풀, 눈꼬리 등 바를 부위를 선정하여 강약을 조절하며 발라준다.
언더(Under) 컬러	• 언더라인의 눈꼬리에서 1/3 정도 또는 아래 전체에 바르는 컬러로 눈 윗부분과 언더 부분을 연결해 주어 눈매가 또렷하고 커 보이도록 한다. 메인 컬러나 포인트 컬러의 아이섀도를 사용한다.
하이라이트(Hilight) 컬러	• 필요한 경우 베이스 컬러나 펄이 있는 밝은 컬러의 아이섀도를 눈두덩의 중앙이나 눈썹 뼈 아랫부분에 발라 입체감을 더해 준다. 또한, 작은 브러시를 이용해 펄 파우더를 눈 앞머리와 앞머리 언더 부분에 발라 아름답고 환한 눈매를 완성한다.

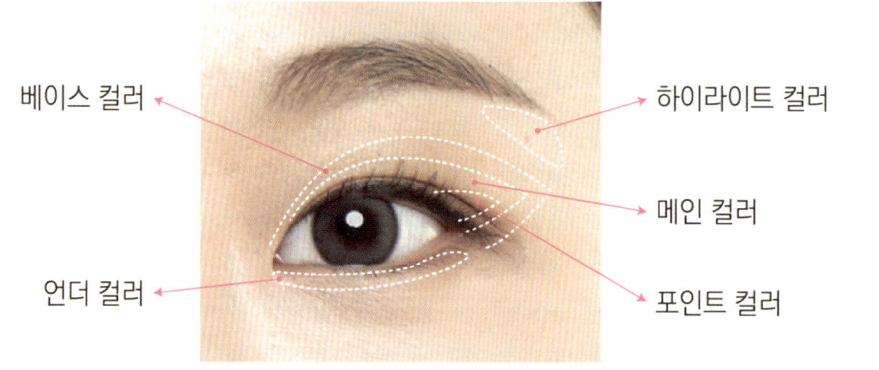

② 아이섀도 표현 기법

아이섀도 표현 기법에는 여러 가지가 있는데, 기본이 되는 기법에는 가로프레임, 세로프레임, 열린홀 기법, 닫힌홀 기법이 4가지가 있다.

표현 기법		특징
가로 프레임		• 컬러를 가로로 펴 발라주는 기법
세로 프레임		• 컬러를 세로로 펴 발라주는 기법
열린홀 기법		• 아이홀을 중심으로 홀 위로 아이섀도를 펴 발라 주고 눈꼬리 쪽은 트여주는 기법
닫힌홀 기법		• 아이홀을 중심으로 홀 안쪽으로 아이섀도를 펴 발라 주고 눈꼬리 쪽은 닫아주는 기법

③ 눈 형태별 아이섀도 표현 방법

눈의 형태	표현 이미지	표현 방법
큰 눈		• 진한 색보다 연한 색으로 부드럽고 자연스럽게 표현 • 포인트 색상도 너무 강하지 않게 표현
작은 눈		• 동양인에게 많은 눈의 형태 • 눈 전체에 밝은 색상의 섀도나 펄감이 풍부한 색을 선택 • 눈길이가 길어보이도록 눈꼬리쪽으로 짙은 색의 섀도를 연장하여 표현
지방이 많은 두툼한 눈		• 부어 보이는 눈의 형태 • 펄감이 있거나 붉은 계열은 피하고 딥(deep)톤 색상을 선택 • 포인트 색상은 선을 긋는 것처럼 선명하게 터치하며 표현 • 눈썹뼈 부위에 강한 하이라이트 색상을 발라 입체감 연출
움푹 들어간 눈		• 자칫 나이들어 보일 수 있는 눈의 형태 • 눈두덩이에 펄감이 있거나 따뜻한 계열의 밝은 색상으로 그라데이션 • 포인트 색상도 밝은 계열의 색상을 선택하여 라인의 형태로 눈꼬리를 약간 올려 눈매를 강조

눈의 형태	표현 이미지	표현 방법
눈꼬리가 올라간 눈		• 눈 앞머리와 언더라인 끝부분에 섀도 포인트 • 눈꼬리 부분 언더라인 진한 컬러를 넓게 펴 발라 부드러워 보이는 인상을 표현 • 눈 위 부분은 약하게, 눈 앞머리 부분은 밝게 처리
눈꼬리가 내려간 눈		• 눈꼬리 부분에 포인트 컬러를 사선 방향으로 올려서 표현 • 눈두덩이에 아이섀도 컬러를 폭넓게 연출 • 눈꼬리의 언더라인 부위에도 너무 진하지 않은 색상으로 그라데이션
눈과 눈 사이 간격이 좁은 눈		• 눈과 눈 사이가 멀어 보이도록 표현하기 위해 눈꼬리 쪽에 포인트 • 눈 앞머리 쪽에서 중간까지 밝은 색상 사용 • 짙은 색의 포인트 컬러를 눈꼬리 바깥쪽으로 연장하여 표현 • 눈 밑 언더라인도 눈꼬리 바깥쪽으로 섀도를 연출
눈과 눈 사이 간격이 넓은 눈		• 눈과 눈 사이가 좁아 보이도록 표현하기 위해 눈 앞머리 쪽에 포인트 • 눈 앞머리 쪽에 진한 색상 사용 • 눈꼬리 쪽으로 포인트 컬러가 치우치지 않도록 주의

(2) 아이라이너

① 눈 형태별 아이라이너 표현 방법

눈의 형태	표현 이미지	표현 방법
큰 눈		• 눈동자가 있는 중간 부분을 제외하고 눈 앞머리와 꼬리쪽만 속눈썹 사이를 채우듯 선명하게 연출하고, 언더라인도 눈꼬리 부분과 연결하여 부드럽게 연출
작은 눈		• 눈앞머리부터 꼬리까지 전체적으로 라인을 두껍고 길게 확장하여 연출
지방이 많은 두툼한 눈		• 눈 앞머리부터 꼬리까지 전체적으로 라인을 그리되 눈꼬리 부분을 굵게 강조하여 연출
움푹 들어간 눈		• 눈꼬리 부분을 굵게 그리면서 약간 끌어올리듯 연출
눈꼬리가 올라간 눈		• 눈 앞머리와 언더라인 꼬리 부분을 선명하게 그려주는 것이 포인트 • 언더라인 눈꼬리 부분의 1/3을 약간 굵게 수평으로 그려주며 윗 눈꺼풀의 앞머리 부분에 라인을 또렷하게 연출
눈꼬리가 내려간 눈		• 눈꼬리 부분을 올려 그려주며 언더라인의 꼬리 부분을 위쪽 아이라인과 연결하여 올려서 연출

3) 립&블러셔 메이크업

(1) 입술

① 립 메이크업 형태

립 라인을 교정할 때에는 본인의 입술에서 1~2㎜ 이내에서 해주어야 자연스럽다.

립 형태	표현 이미지	특징 및 연출 방법
직선형 (Straight curve)		• 활동적이고 지적인 이미지 • 본인 입술라인 그대로 둥글리지 않고 구각에서 입술산까지의 선을 직선형으로 연출
인커브형 (In curve)		• 귀엽고 여성스러운 이미지 • 본인 입술보다 1~2㎜ 이내로 작게 연출 • 입술이 두껍거나 큰 사람의 단점을 보완할 때 많이 활용
아웃커브형 (Out curve)		• 성숙하고 여성스러운 이미지 • 본인 입술보다 1~2㎜ 크게 연출 • 입술선을 둥글게 그리며 입술이 얇고 작은 사람의 단점을 보완할 때 많이 활용

(2) 블러셔

① 기본 블러셔 메이크업 표현 방법

- 파우더 타입 블러셔를 사용할 때에는 피부의 유분기를 없앤 후 발라야 얼룩지는 것을 방지할 수 있다.
- 코끝과 눈동자가 만나는 위치를 기준으로 관자놀이 아래에서 코끝 방향으로 그라데이션을 한다.
- 많은 양을 한 번에 사용하기보다는 적은 양을 덧발라 표현하여 자연스럽게 연출한다.
- 경계가 생기면 퍼프로 가볍게 눌러 주거나 컬러를 덜어낸 브러시로 풀어주어 경계가 보이지 않도록 한다.

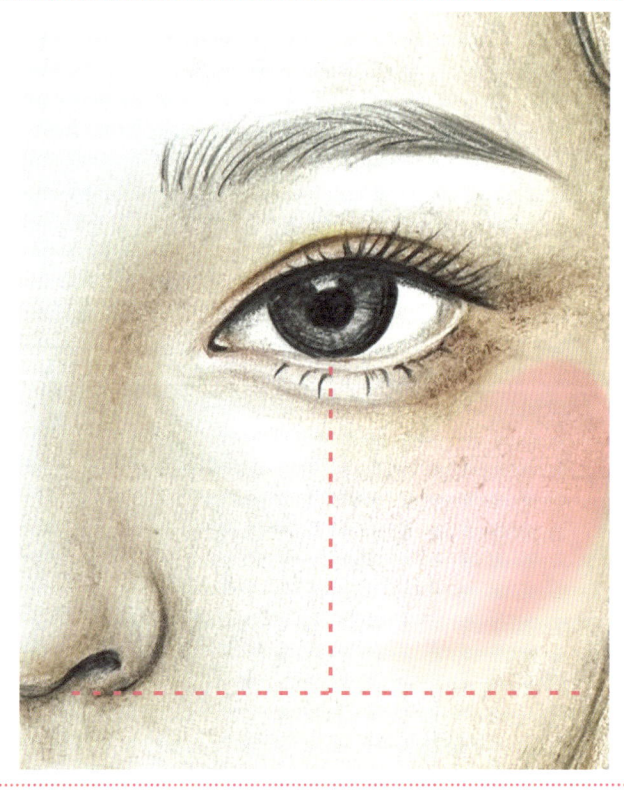

IV. 메이크업 테크닉

② 얼굴형에 따른 블러셔 메이크업

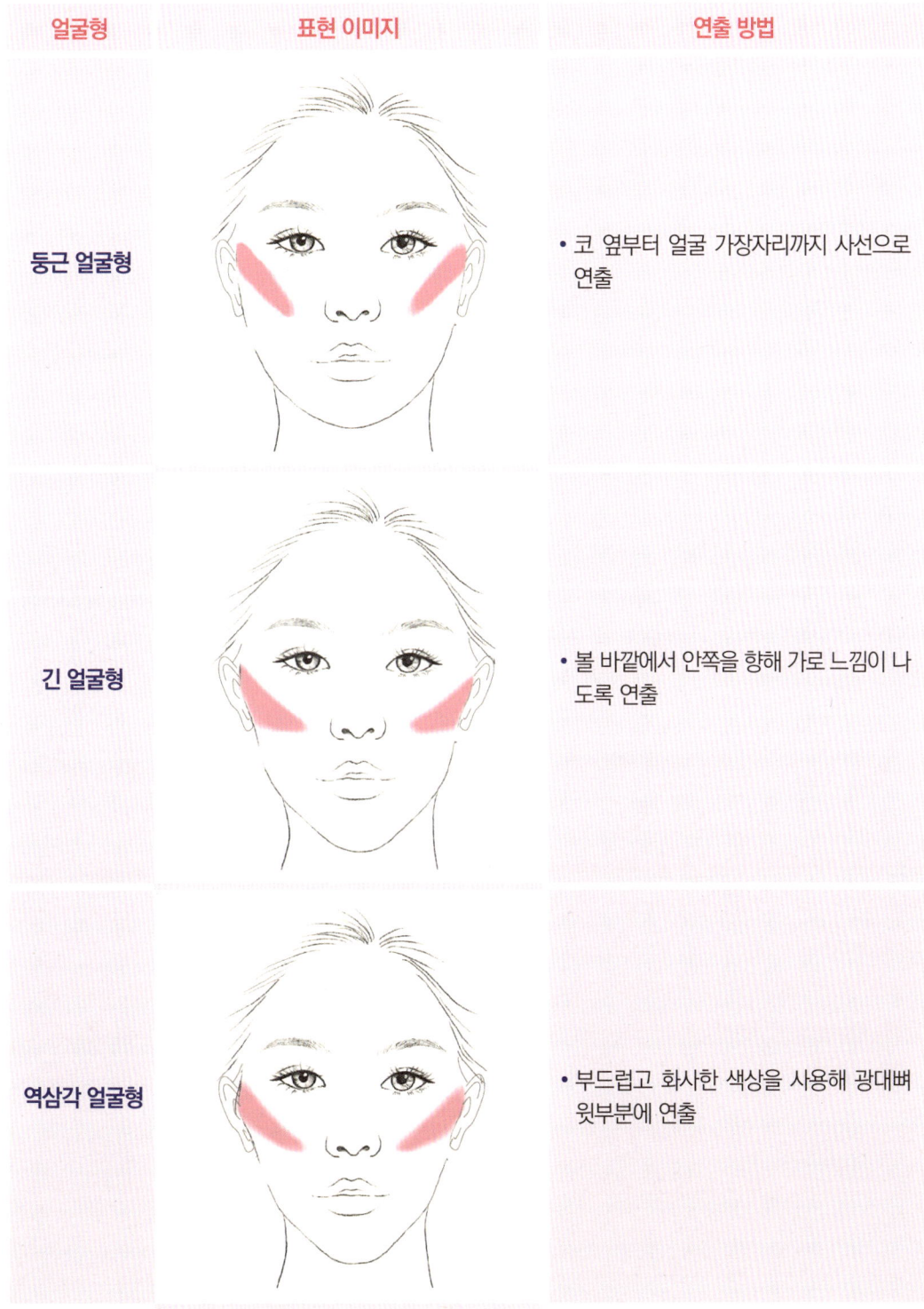

얼굴형	표현 이미지	연출 방법
둥근 얼굴형		• 코 옆부터 얼굴 가장자리까지 사선으로 연출
긴 얼굴형		• 볼 바깥에서 안쪽을 향해 가로 느낌이 나도록 연출
역삼각 얼굴형		• 부드럽고 화사한 색상을 사용해 광대뼈 윗부분에 연출

얼굴형	표현 이미지	연출 방법
다이아몬드 얼굴형	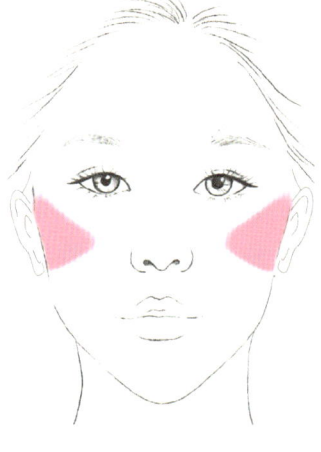	• 광대뼈 부위를 감싸듯이 둥글고 부드럽게 연출
사각 얼굴형	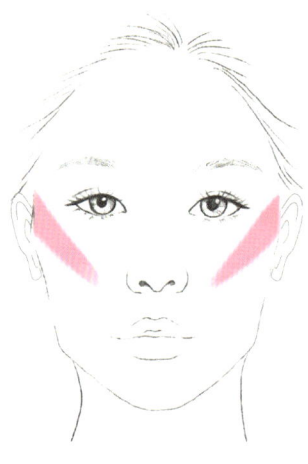	• 볼 안쪽에서 얼굴 가장자리까지 사선으로 연출

③ 이미지에 따른 블러셔 메이크업

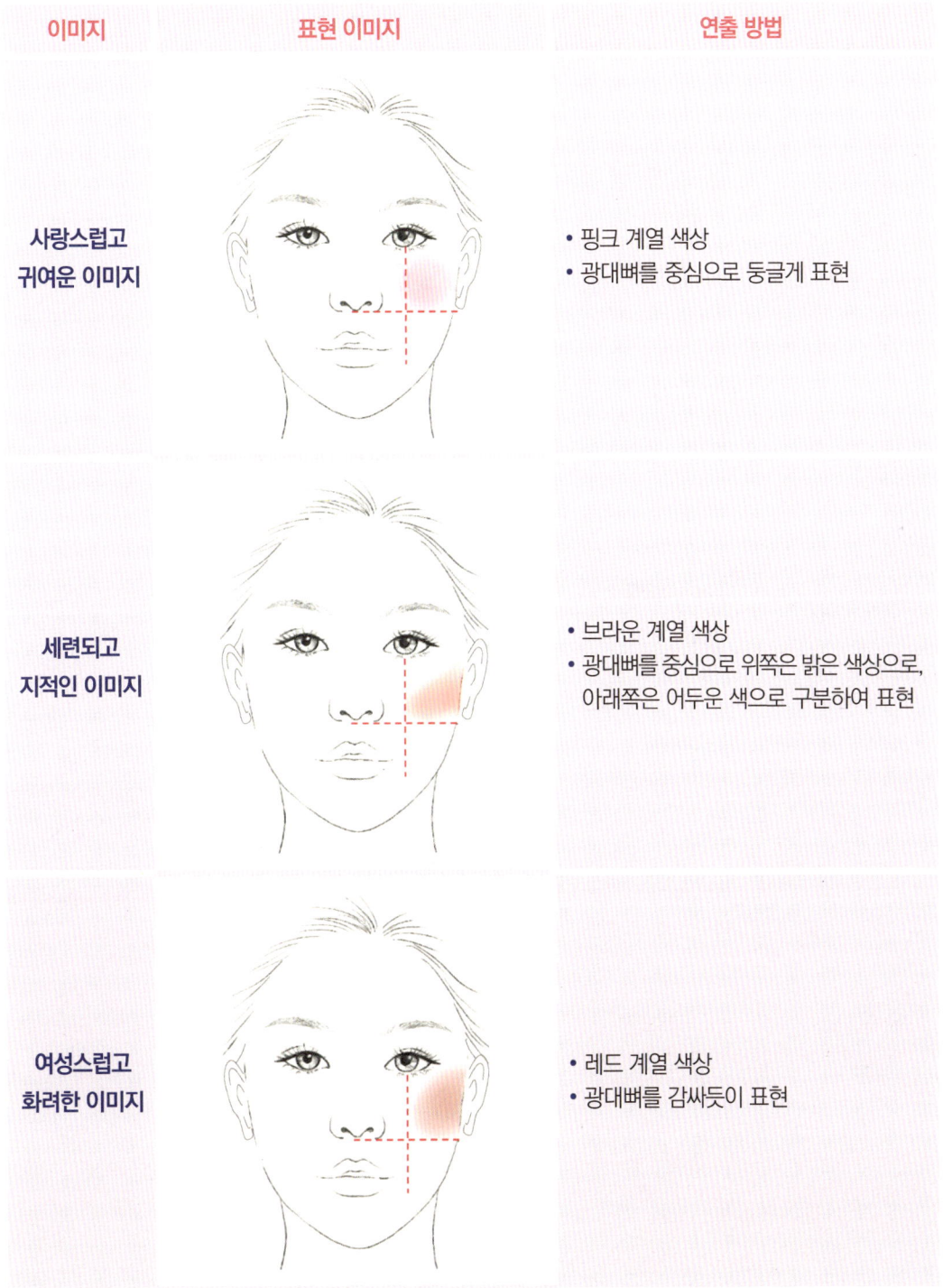

이미지	표현 이미지	연출 방법
건강하고 활동적인 이미지	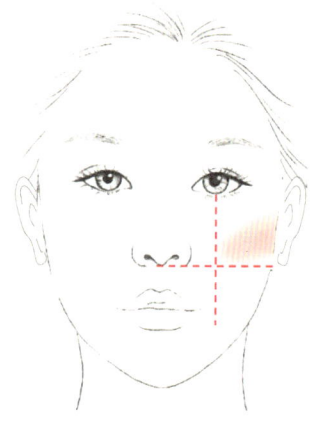	• 오렌지 계열 색상 • 크림 제형 또는 파운데이션을 섞어 자연스럽게 표현
청순한 이미지	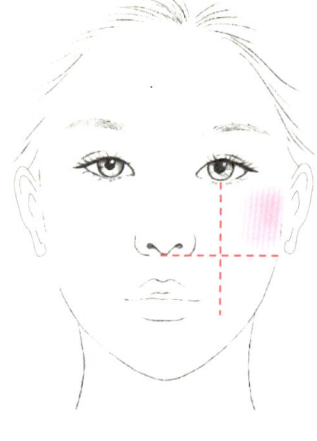	• 핑크+연보라 색상 • 광대뼈를 부드럽게 감싸 혈색처럼 표현
오리엔탈 이미지	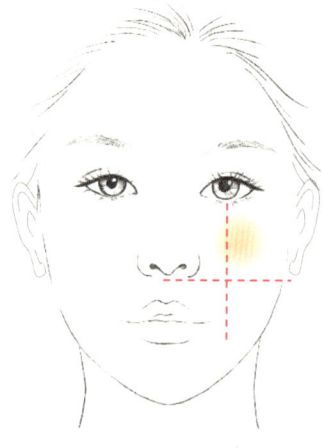	• 오렌지 계열 색상 • 애플존을 중심으로 표현

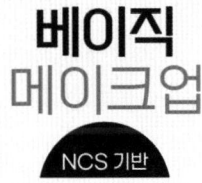

베이직 메이크업
NCS 기반

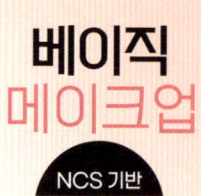

베이직
메이크업
NCS 기반

V. 베이직 메이크업 실전

1. 베이직 메이크업 테크닉
2. 메이크업 상담일지와 사전기획서

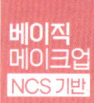

1. 베이직 메이크업 테크닉

1) 메이크업 베이스

울긋불긋하거나 얼룩덜룩한 피부 톤을 깨끗하게 정돈한다. 피부 타입에 맞는 베이스를 손이나 퍼프를 이용하여 꼼꼼하게 발라준다.

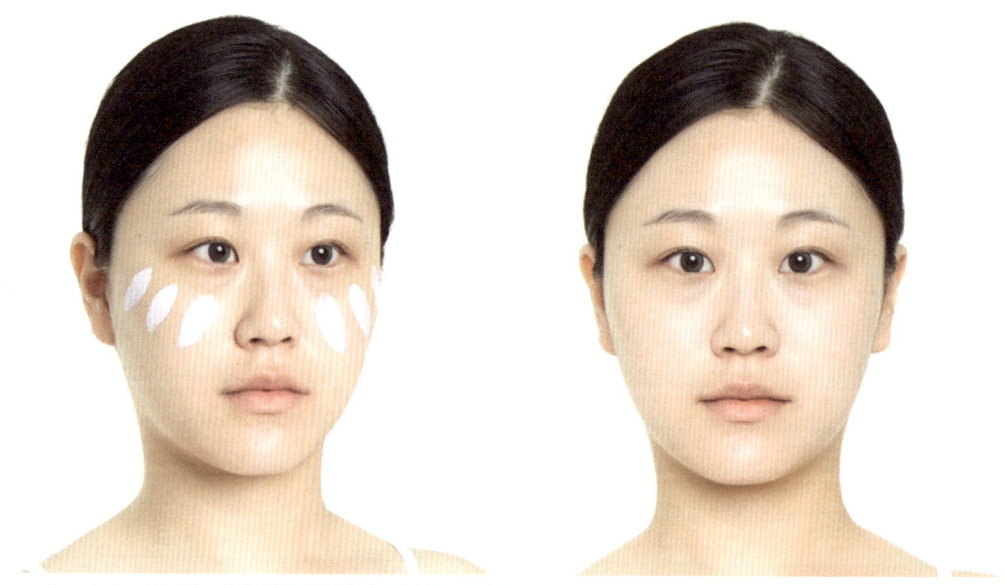

① 메이크업 베이스를 얼굴 전체에 얹어둔다.   ② 고르게 펴바른 뒤 두드려 완벽하게 흡수시켜준다.

TIP.

- 광채나 펄감이 있는 메이크업 베이스는 얼굴 가장자리까지 바르면 얼굴이 부어보일 수 있으므로 얼굴 중앙 위주로 바르는 것이 좋다.

2) 파운데이션

파운데이션으로 완벽한 커버를 하려고 하면 베이스가 두꺼워지므로 전체적인 피부색을 맞춰준다는 느낌으로 사용한다. 한 번에 많은 양을 사용하지 말고, 커버가 필요하다면 얇게 여러 번 레이어링 하며 바른다.

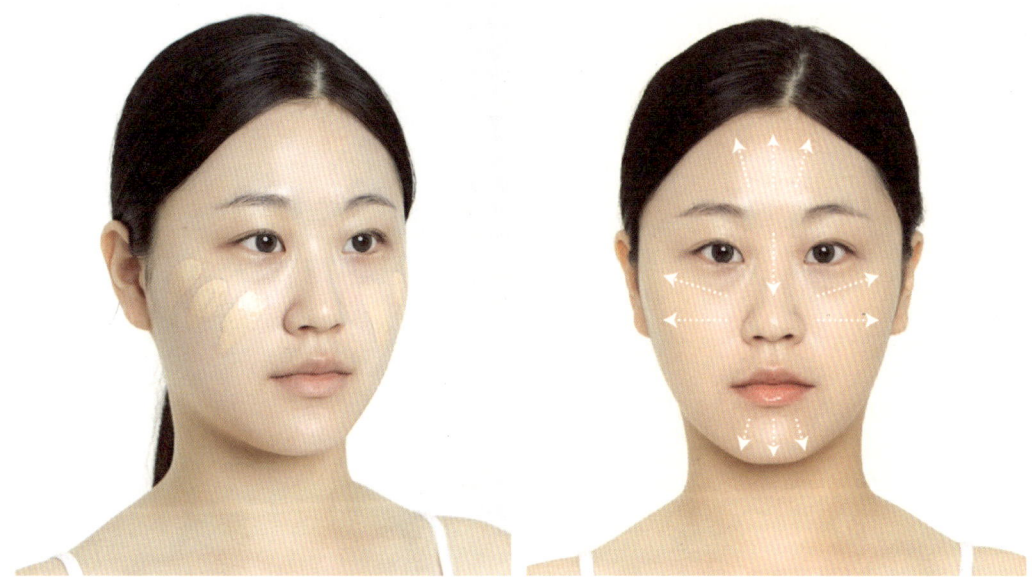

① 피부색에 맞는 파운데이션을 선택하여 얼굴의 넓은 부위 ➡ 좁은 부위 순으로 피부 결을 따라 발라준다.

② 고르게 펴바른 뒤 스펀지로 가볍게 두드려 밀착력을 높여준다.

TIP. 부위별 파운데이션 바르는 양

- **눈가** : 피부가 얇은 부위인 눈가는 파운데이션을 많이 바를 경우, 주름이나 요철이 부각되기 쉬우므로 얇게 바른다.
- **페이스 라인** : 전체적으로 동일한 양의 파운데이션을 바르면 얼굴이 더 확장되어 보일 수 있다. 페이스 라인은 브러시나 퍼프에 남은 양으로 가볍게 발라준다.
- **턱** : 볼륨이 있는 부분으로 두껍게 올라가면 요철이나 트러블이 부각되기 쉽고, 메이크업이 전체적으로 답답해 보일 수 있으므로 주의한다.

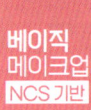

[파운데이션 바르는 방법]

종류	기법
패팅(Patting) 기법	• 손가락 또는 스펀지로 가볍게 두드리는 기법 • 커버력과 밀착력을 높일 때 사용 • 잡티가 많은 부위, 볼 등에 주로 사용
슬라이딩(Sliding) 기법	• 부드럽게 펴바르는 기법 • 제품을 얇게 바르거나, 얼굴의 좁은 면 / 굴곡진 부분 부위에 사용
블렌딩(Blending) 기법	• 경계가 생기지 않도록 연결하는 기법 • 다른 컬러의 파운데이션을 사용할 때 경계선이 생기지 않도록 사용

[파운데이션 바르는 도구 특징]

종류	특징
브러시	• 매끈하고 촉촉한 피부 연출 • 적은 양으로도 얇고 자연스럽게 발리지만 커버력은 떨어짐 • 사용법을 잘 모른다면 브러시 자국이 남을 수 있음
스펀지	• 보송하고 부드러운 피부 연출 • 사용이 간편하고 밀착력을 높여 지속력이 좋아짐 • 파운데이션 흡수량이 많음
손	• 소량으로도 커버력있는 촉촉한 피부 연출 • 양 조절이 되지 않으면 화장이 두꺼워질 수 있음

3) 쉐딩&하이라이트

얼굴형을 보완하여 쉐딩&하이라이트 처리를 한다. 이때 파운데이션 컬러와 경계가 생기지 않도록 그라데이션에 신경 쓴다. 쉐딩의 범위가 넓어지면 피부 색조가 어두워지고, 하이라이트의 범위가 넓어지면 피부 색조가 밝아지므로 유의한다.

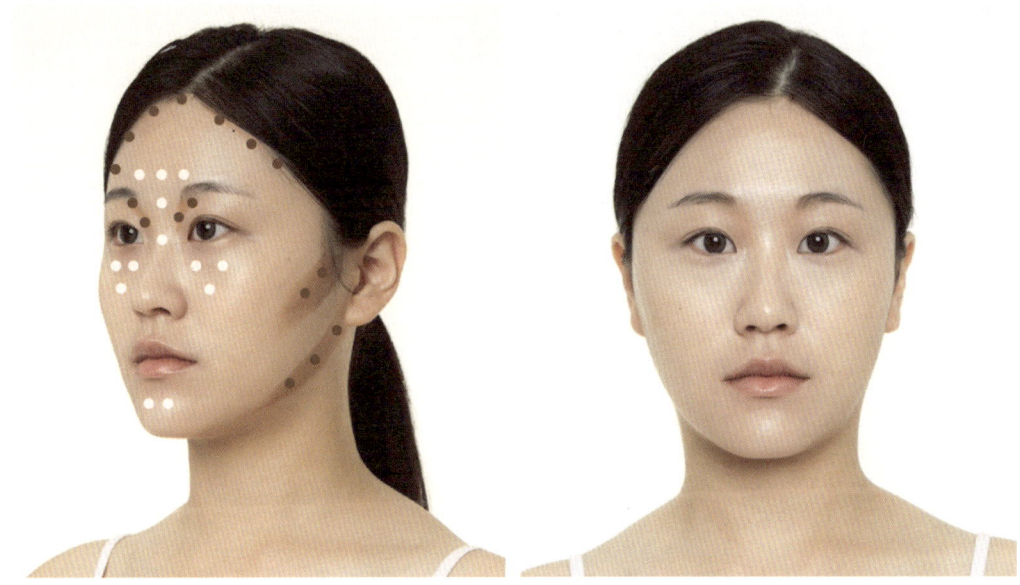

① 파운데이션보다 1~2톤 어두운 파운데이션을 이용해 어둡게 표현되어야 하는 부위에 쉐딩 처리를 한다.

② T존과 Y존에 파운데이션보다 1~2톤 밝은 파운데이션을 이용해 하이라이트 처리를 하여 자연스러운 입체감을 표현한다.

TIP.

- 노즈 쉐딩은 간격이 좁아지면 어색하므로 유의한다.
- 트러블이 있는 부위는 하이라이터를 바르면 트러블이 더 강조되므로 피하는 것이 좋다.

4) 컨실러

컨실러는 매트한 제형으로 건조가 빠르기 때문에 브러시에 적당량을 묻혀 사용하면 얼룩 없이 깔끔하게 커버할 수 있다.

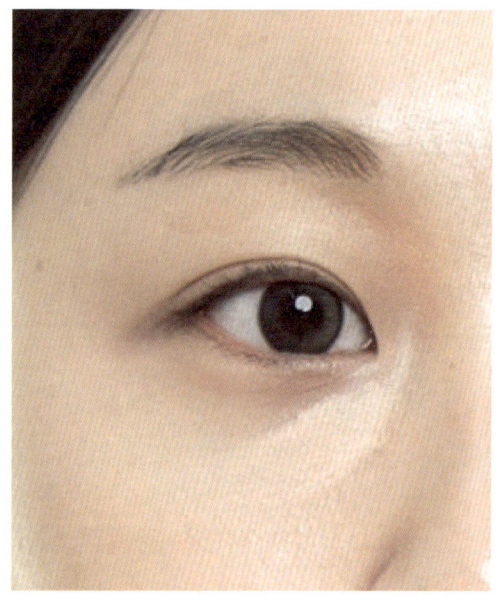

① 브러시 한쪽면에만 컨실러를 묻혀 다크서클 경계 부위에 발라준다.

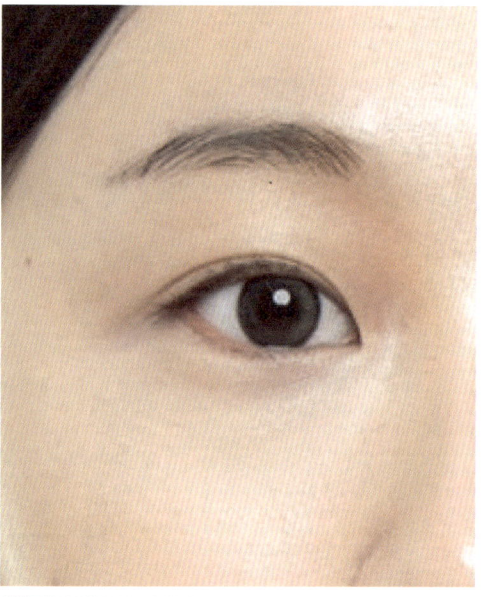

② 컨실러가 묻지 않은 브러시 반대쪽을 이용해 눈에서 먼 부위부터 펴 발라준다. 브러시에 남은 양으로 애교살 부위도 커버해 준다.

TIP.

- 다크서클, 코 주변 붉은 기, 어두운 입가 등 컬러가 올라가는 주변을 컨실러로 깔끔하게 커버해주면 컬러가 올라갔을 때 메이크업이 훨씬 더 깔끔해 보인다. 단, 근육이 자주 사용되는 부위로 컨실러가 주름 사이에 끼기 쉬우니 소량만 바르도록 한다.
- 눈가는 리퀴드 제형의 보색 컬러를 사용하고, 잡티를 가리는 용도로는 크림, 스틱, 펜슬 제형의 파운데이션과 동일한 컬러의 컨실러를 사용한다.
- 피부 톤보다 한 톤 어두운 컬러 선택시 무난하게 사용이 가능하다. 특히 돌출된 여드름 자국을 커버할 때 좋다.

5) 파우더

파우더로 얼굴 전체를 가볍게 쓸어 유분기를 잡아주면 피부 메이크업의 지속력을 높이고, 머리카락이 얼굴에 달라붙는 것을 막는다. 색조 메이크업의 지속력을 높이려면 눈썹과 눈가의 유분기를 확실히 잡아주는 것이 중요하다.

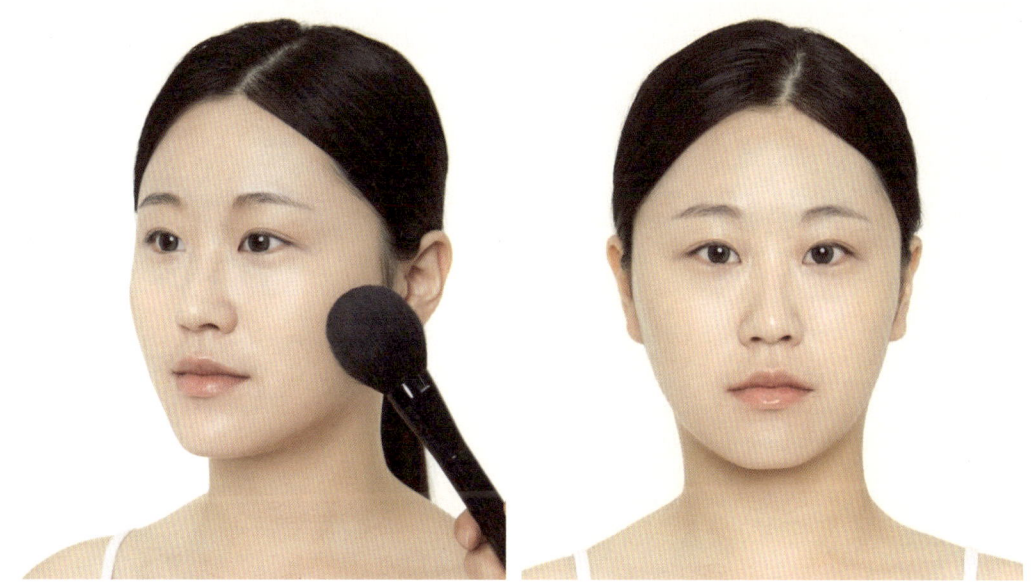

① 파우더 브러시에 파우더를 골고루 묻힌 후 브러시를 가볍게 털어 불필요한 양은 덜어낸다. 브러시의 넓은 면을 이용해 피부 결을 따라 얼굴 전체를 가볍게 쓸어준다.

② 눈썹, 눈가, 콧망울 부분은 브러시 끝을 이용해 한번 더 발라준다.

TIP.

건조한 피부는 파우더를 생략해도 되는데, 이 경우 퍼프로 콧망울 부분과 눈두덩의 유분기만 제거하여 파운데이션의 끼임을 방지한다.

- 납작한 스펀지 : 커버력과 밀착력이 높아 지성 피부에 좋음
- 파우더 퍼프 : 촘촘한 면에 파우더 입자를 듬뿍 담을 수 있어 보송한 마무리
- 파우더 브러시 : 두껍지 않고 가볍게 발려 촉촉한 느낌을 잘 살려주기 때문에 윤광 표현에 좋으며 부드러운 천연모를 사용해야 피부에 부담이 없음
- 팬 브러시 : 파우더를 바른 후 여분의 파우더를 털어줄 때 사용

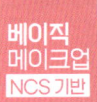

6) 아이브로우

눈썹 앞머리가 진하면 전체적으로 눈썹이 너무 강해 보이므로, 앞머리를 그려줄 땐 최대한 손에 힘을 빼고 색이 진하지 않게 가볍게 그려준다. 눈썹이 난 방향에 맞춰 그려주면, 보다 자연스러운 메이크업이 가능하다.

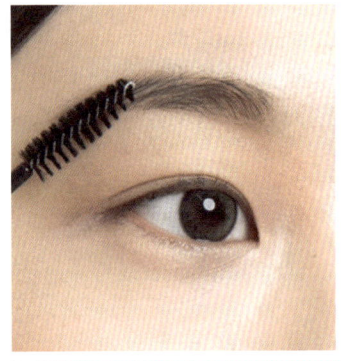
① 스크류 브러시로 눈썹결을 정돈한다.

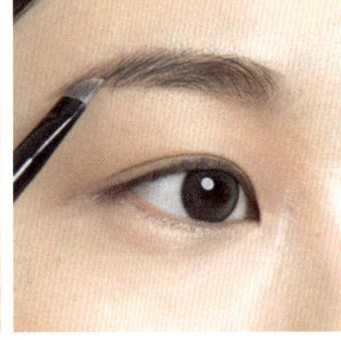
② 파우더 아이브로우나 아이섀도를 이용해 눈썹의 빈 공간을 채워준다.

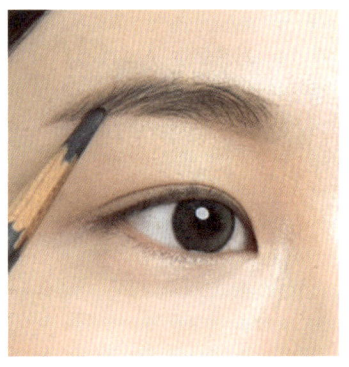
③ 펜슬의 뾰족한 부분으로 눈썹 결을 살려 그려준다.

TIP.

- 아이브로우의 형태를 잡기 어려울 때에는 아이브로우의 아래 라인을 먼저 잡아준 후 두께와 형태를 조절하면 그리기 쉽다.
- 아이브로우의 좌우 밸런스를 맞출 때에는 고개를 살짝 뒤로 젖혀 아이브로우의 아래 라인을 확인하는 것이 좋다.
- 아이브로우의 두께는 얼굴의 크기, 눈과 눈썹 사이의 거리, 눈의 크기와 비례하여 그리는 것이 좋다.
- 숱이 많은 눈썹은 스크류 브러시로 결을 따라 빗어준 후 비어있는 부분만 펜슬로 채워준다.

7) 아이섀도

눈가에 자연스러운 음영을 넣어줄 수 있는 컬러 3~4가지를 이용해 눈을 더 입체감 있게 만든다. 자연스러운 베이지~브라운 계열의 색상을 많이 사용한다.

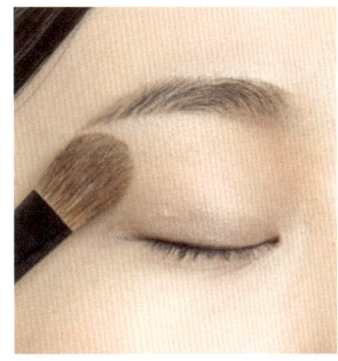
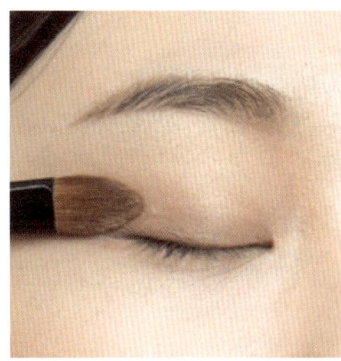
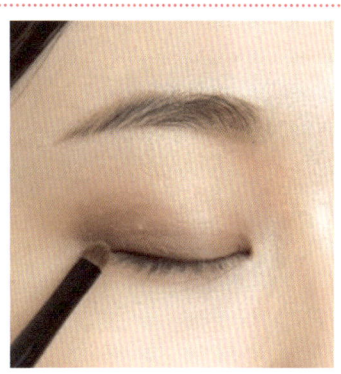

① 피부색과 비슷한 베이스 컬러를 넓은 브러시를 이용해 눈두덩이 전체에 발라준다.

② 중간 사이즈의 브러시를 이용해 메인 컬러를 아이홀 부분까지 발라준다.

③ 작은 브러시를 이용해 포인트 컬러를 눈꼬리 부분에 작은 삼각형 모양으로 발라준다.

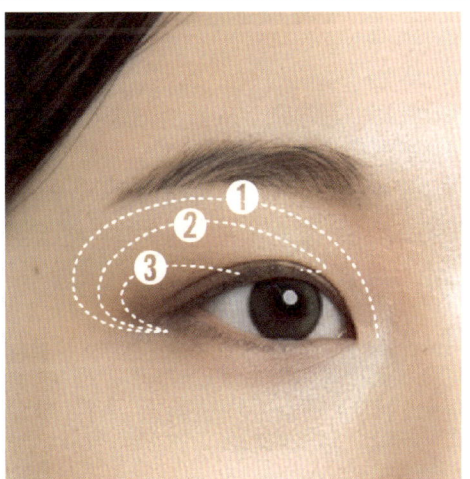

TIP.

- 브러시를 사용할 때에는 눕혀서 사용해야 가루날림이 덜하다.
- 브러시 한 쪽 면에만 컬러를 묻혀 바르고, 깨끗한 면으로 경계를 펴 바르면 깔끔한 블렌딩이 가능하다.
- 컬러를 묻힌 브러시가 가장 먼저 닿는 부위에 색이 가장 진하게 표현되므로 색이 가장 진하게 표현되어야 하는 부분에 브러시를 먼저 터치한다.

8) 아이라이너

아이라이너 펜슬이나 아이섀도를 이용해 속눈썹 사이사이를 채워준다는 느낌으로 발라준다. 한 번에 그리려하지 말고 눈을 가로로 3등분하여 좁은 면적으로 좌우로 지그재그로 움직여가며 그려준다. 이때 속눈썹 위쪽으로 라인이 넘어가지 않도록 주의한다.

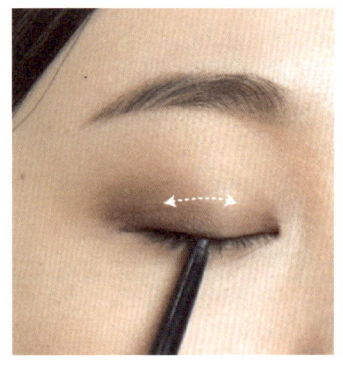

① 눈 중앙 부위부터 펜슬을 지그재그로 움직여가며 속눈썹 사이를 채워준다.

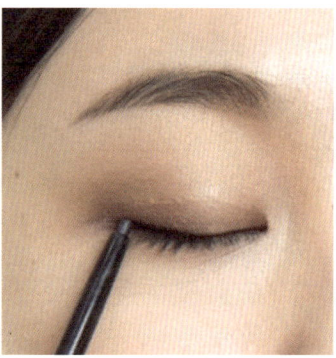

② 눈 꼬리를 그릴때에는 정면을 바라본 상태에서 라인의 방향, 각도를 확인하며 그려준다.

9) 마스카라

스크류 브러시로 속눈썹에 묻은 아이섀도 가루를 털어낸 후, 속눈썹을 한 번 빗어주고 마스카라를 하면 깔끔한 속눈썹 연출이 가능하다. 속눈썹을 앞머리, 중간, 꼬리 부분으로 3등분하여 지그재그 모양으로 뿌리부터 발라준다. 속눈썹 끝 쪽에서는 지그재그가 아닌 일자로 빼주어야 뭉침이 덜하다.

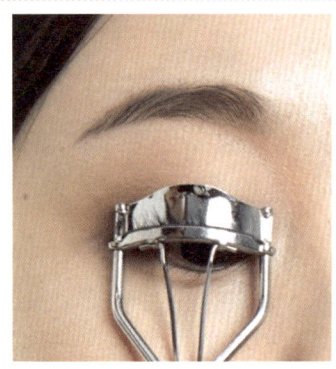

① 시선을 무릎으로 향한 후 아이래쉬 컬을 대고 속눈썹 뿌리→중앙→끝부분을 차례로 살짝 집어준다.

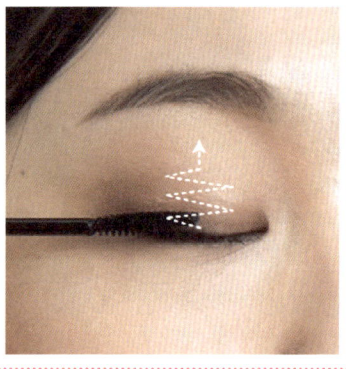

② 속눈썹의 밑쪽 뿌리 부분에 마스카라를 가까이 대고 좌우로 흔들면서 위로 쓸어주면서 올린다.

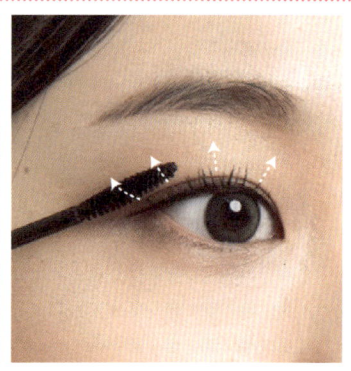

③ 속눈썹 끝부분은 가볍게 빼주듯이 바른다. 한 번에 마스카라 액을 많이 사용하게 되면 뭉치거나 컬이 쳐지므로 얇게 3~4회 바른다.

10) 블러셔

자연스러운 혈색처럼 보이는 컬러로 애플존을 중심으로 광대뼈를 감싸듯 관자놀이 방향으로 발라준다. 한 번에 많은 양으로 표현하는 것보다, 적은 양으로 여러번 덧발라 표현하면 뭉침없이 자연스러운 연출이 가능하다.

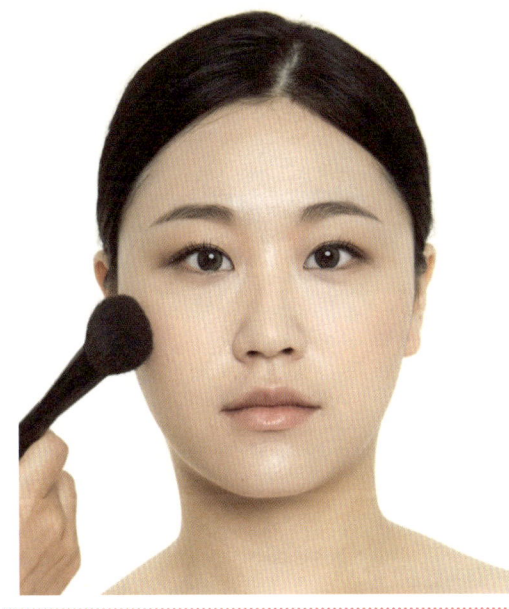

① 블러셔를 브러시에 골고루 묻힌 후 손등이나 티슈에서 양을 조절한다. 애플존에 둥글게 원을 그리듯 바른 후, 관자놀이 방향으로 광대뼈를 감싸듯 원을 그리며 발라준다.

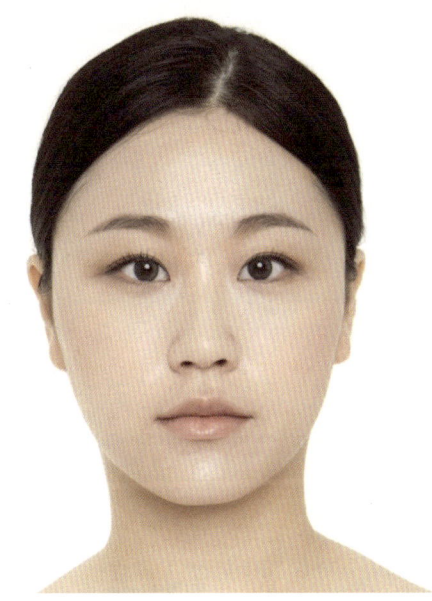

② 브러시에 남은 여분으로 광대 아래쪽 경계를 가볍게 풀어준다는 느낌으로 발라준다.

> **TIP.**
> - 선명한 발색을 원할 때에는 크림이나 리퀴드 타입 블러셔를 바른 뒤 케이크 타입 블러셔를 덧바른다.
> - 크림 블러셔를 바를 때에는 톡톡 두드리며 바른다. 문지르면 피부 메이크업이 지워진다.
> - 블러셔 컬러가 코끝보다 밑으로 내려오지 않게 주의한다.

11) 립

입술에 묻어있는 파운데이션 등의 잔여물을 닦아내고 컨실러를 이용하여 입술 라인의 지저분한 부분을 정리한 후 립스틱을 바르면 깔끔한 연출이 가능하다. 입술이 건조하면 각질이 부각될 수 있으므로 피부 메이크업을 할 때 보습제를 입술에 발라두면 촉촉한 립 메이크업 연출이 가능하다.

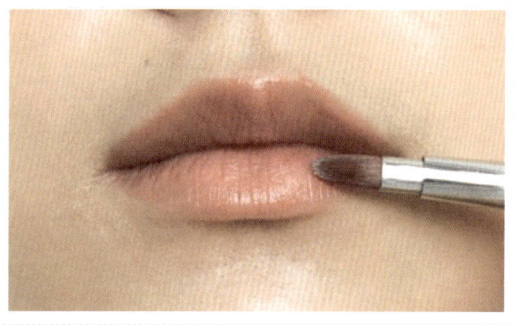

① 브러시에 립 컬러를 골고루 묻힌 후, 입술산 → 아랫입술 수평선 → 구각에서 입술 중앙 순으로 발라준다.

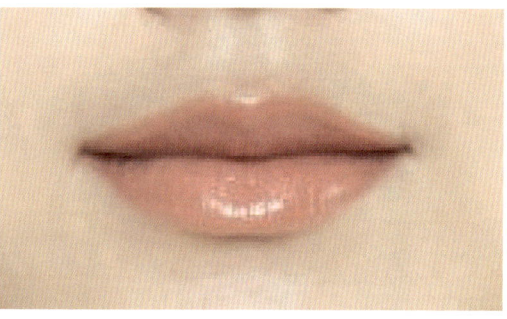

② 구각 부분까지 꼼꼼하게 컬러를 채운다.

Ⅴ. 베이직 메이크업 실전

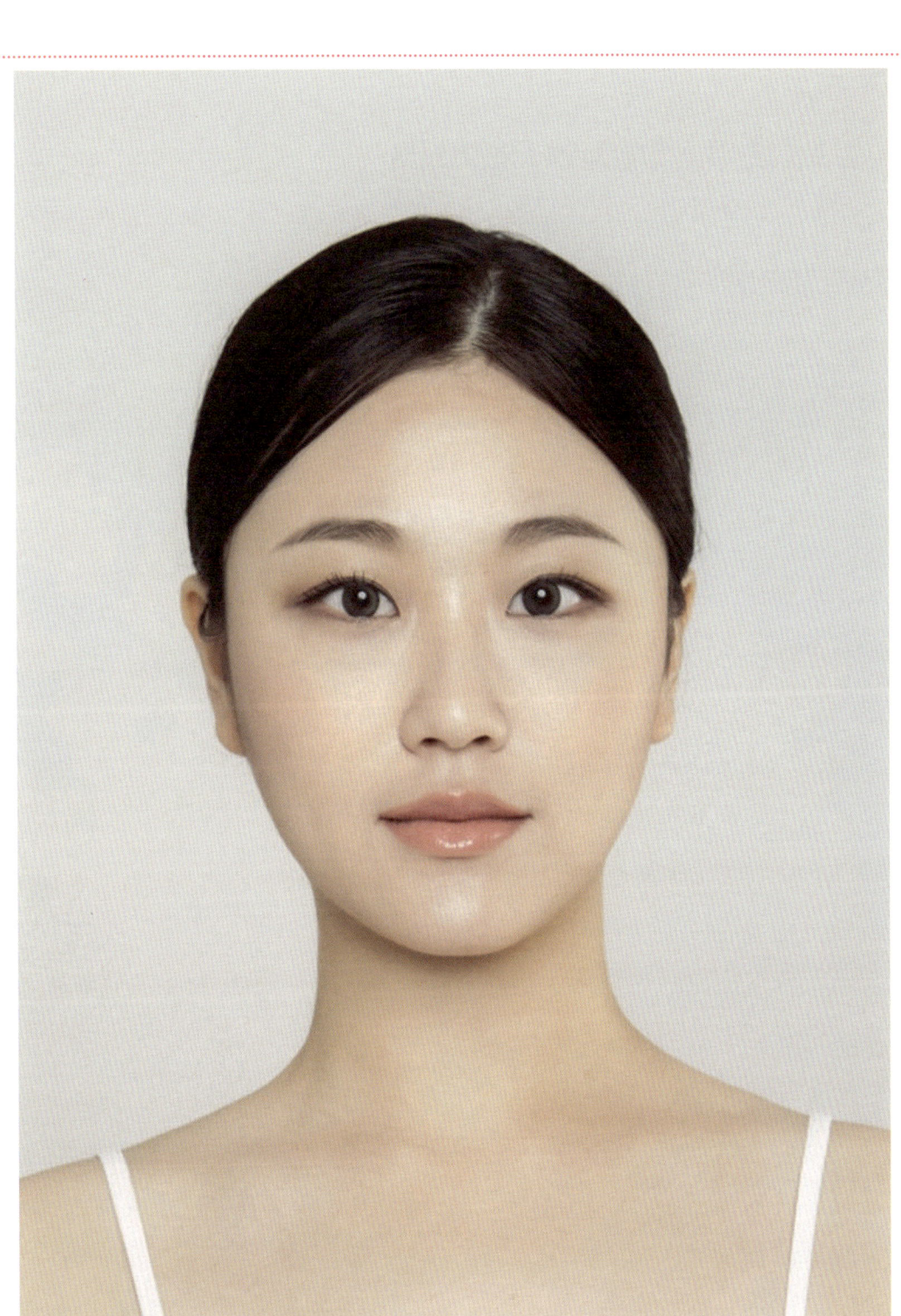

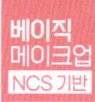

2. 메이크업 상담일지와 사전기획서

1) 메이크업 상담일지

상담일지

신상 정보

이름	성별	나이
주소		
직업	근무 부서	근속 연수
직책	역할	

개인성향평가

성향의 장점

성향의 단점

현재 나의 이미지는 어떻다고 생각하십니까?

내가 추구하고자 하는 이미지는 어떤 것입니까?

나의 개성은 무엇이라고 생각하십니까?

좋아하는 의상 스타일은 어떤 것입니까?(연예인, 기업인 등)

좋아하는 메이크업 스타일은 어떤 것입니까?

개인스타일평가

현재 자신의 모습에 만족하십니까?

현재 메이크업 스타일은 만족하십니까?

자신에게 어울리는 색을 알고 계십니까?

자신에게 어울리는 스타일을 알고 계십니까?

자신의 체형에 만족하십니까?

어떤 색상을 선호하십니까?

어떤 색상을 기피하십니까?

어떤 메이크업 스타일을 하고 싶습니까?

2) 메이크업 사전기획서

메이크업정보

얼굴형	계란형 / 둥근형 / 긴형 / 역삼각형 / 사각형 / 마름모형
얼굴의 장점	
얼굴의 단점	
얼굴형에 대한 고객의견	
퍼스널유형	warm / cool — 봄 / 가을 / 여름 / 겨울

메이크업디자인

메이크업 컨셉		
메이크업 방향	메이크업 컬러	
	디자인 방향	Base
		Eyebrow
		Eye
		Cheek
		Lip
		Etc
	보완 사항	

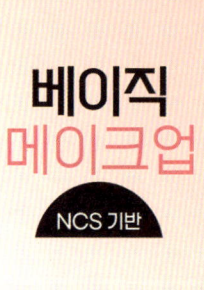

VI. 이미지 메이크업 실전

1. 로맨틱 메이크업
2. 액티브 메이크업
3. 클래식 메이크업
4. 모던 메이크업

1. 로맨틱 메이크업(Romantic makeup)

로맨틱 메이크업은 부드럽고 따뜻한 감성을 표현하는 것이 특징이다. 여성스러움과 사랑스러운 분위기를 담아내어 부드러운 인상을 남기는 스타일로, 주로 핑크, 베이지, 코랄 등 따뜻한 색감을 사용해 포근한 느낌을 연출한다.

1 피부 표현
- 화사하고 생기 있는 피부 표현을 위해 촉촉한 제형의 파운데이션을 사용
- 자연스러운 광택을 더해 매끄러운 피부 결을 강조하고, 파우더로 살짝 마무리해 깨끗하고 섬세한 느낌을 연출

2 아이메이크업
- 부드러운 핑크와 베이지 계열의 아이섀도를 사용해 자연스럽게 그라데이션하여 음영 표현
- 펄감이 있는 아이섀도를 포인트로 사용해 반짝이는 눈매 표현

3 치크
- 생기 있는 볼을 표현하기 위해 핑크나 피치 계열의 블러셔를 사용

4 립
- 핑크나 코랄 계열의 색상을 선택하여 입술에 생기를 더해주고, 입술의 경계를 부드럽게 블렌딩하여 자연스러운 느낌으로 연출

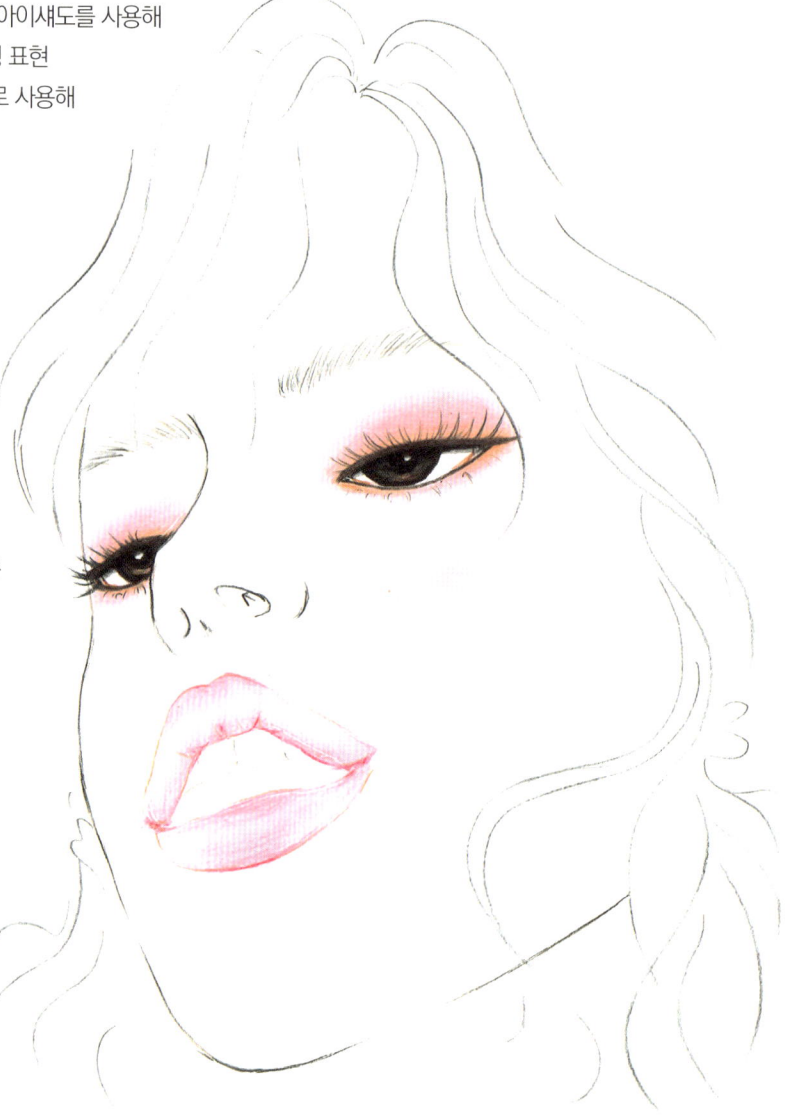

Ⅵ. 이미지 메이크업 실전

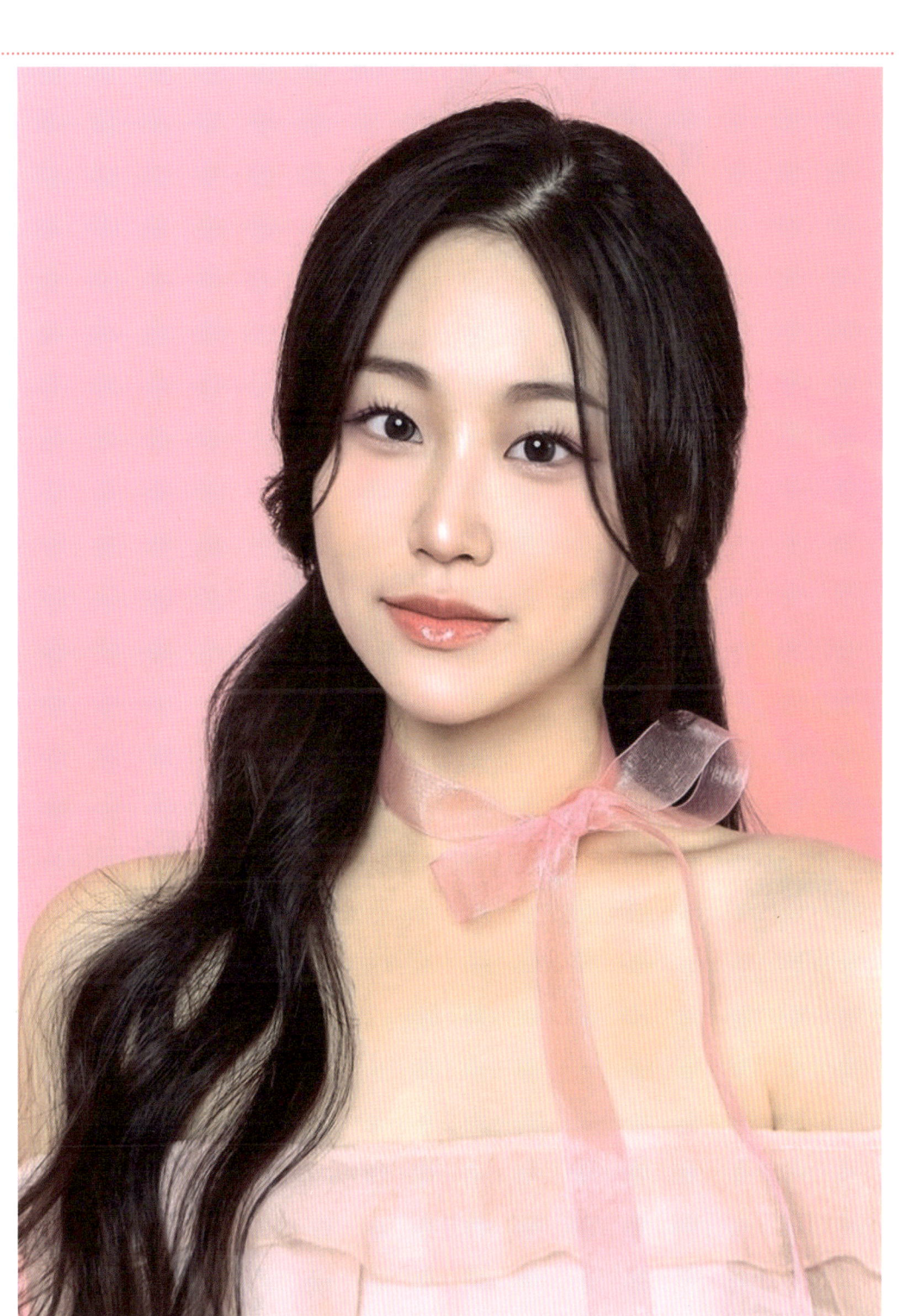

2. 액티브 메이크업(Active makeup)

활동적이고 건강한 이미지를 전달하는 액티브 메이크업은 비비드한 색감을 사용한다.

레저와 스포츠에 많이 활용되는 메이크업으로, 다이나믹하면서 강한 이미지를 주며 땀과 피지, 물에 강한 제품들을 사용해 움직임에 강하고 오래 지속되는 메이크업을 해준다.

1 피부 표현
- 건강한 느낌을 위해 모델의 피부톤에 맞추거나 반톤 어두운 색상으로 글로시하게 표현
- 가볍게 쉐딩을 넣어 자연스러운 음영 연출

2 아이메이크업
- 액티브한 감성을 잘 표현해 줄 수 있는 비비드톤의 컬러를 사용하여 원포인트 메이크업으로 연출

3 치크
- 오렌지나 피치 계열을 사용해 사선방향으로 자연스러운 혈색 연출

4 립
- 오렌지 계열이나 자연스러운 색감의 지속력이 좋은 틴트나 립스틱으로 마무리

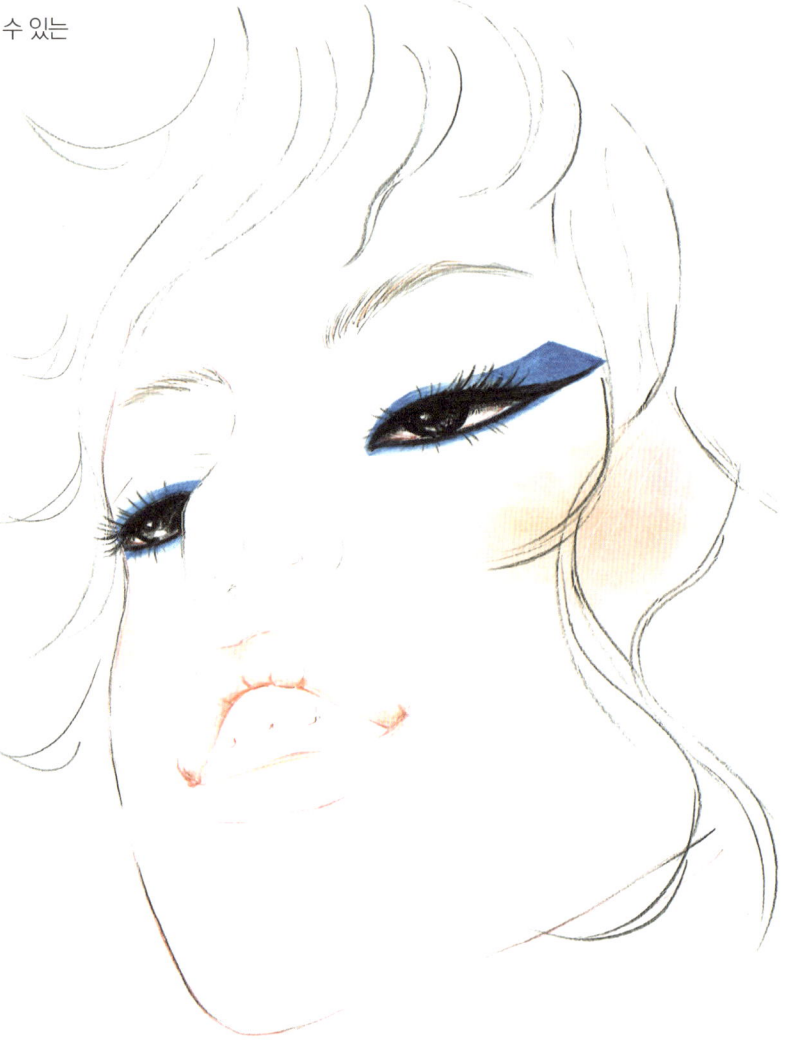

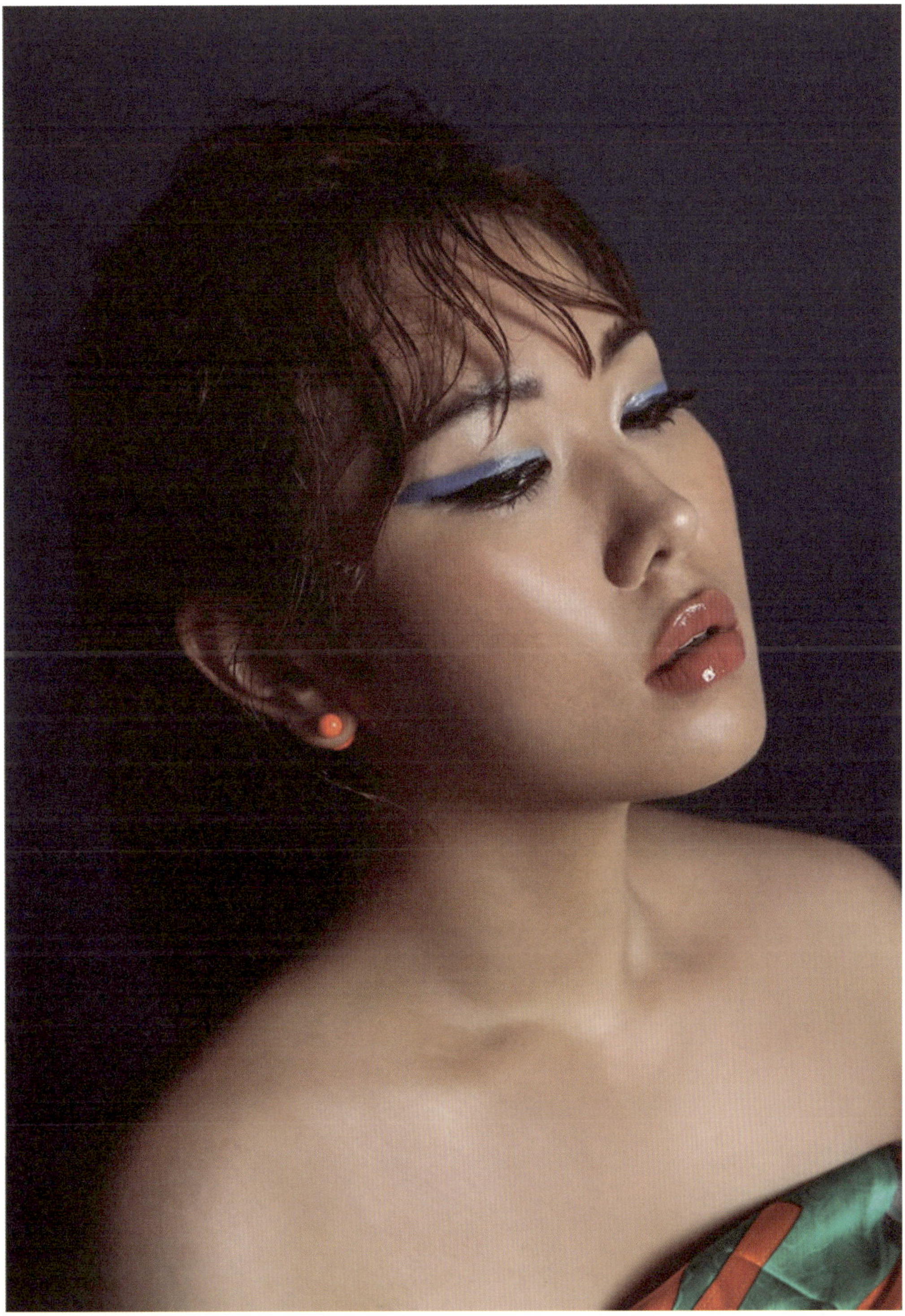

VI. 이미지 메이크업 실전

3. 클래식 메이크업(Classic makeup)

클래식 메이크업은 전통적이고 우아한 스타일을 강조하는 메이크업 스타일로 시간이 지나도 변하지 않는 세련되고 정제된 스타일을 추구한다. 깔끔하고 명확한 라인, 절제된 색감을 통해 단정하고 고급스러운 분위기를 연출한다.

1 피부 표현
- 자연스러우면서도 매끄럽고 결점 없는 피부 표현
- 은은한 광택이나 매트하게 표현

2 아이메이크업
- 본래의 눈썹을 자연스럽게 살려 깔끔하게 정돈하여 균형감 있게 표현
- 아이섀도는 브라운, 베이지 등 뉴트럴 톤으로 그라데이션하여 입체감 있게 표현

3 치크
- 코랄이나 장밋빛을 사용해 볼에 온화한 색감 연출

4 립
- 레드나 버건디 같은 깊고 우아한 색감이 대표적이고 매트한 질감으로 깔끔하게 마무리

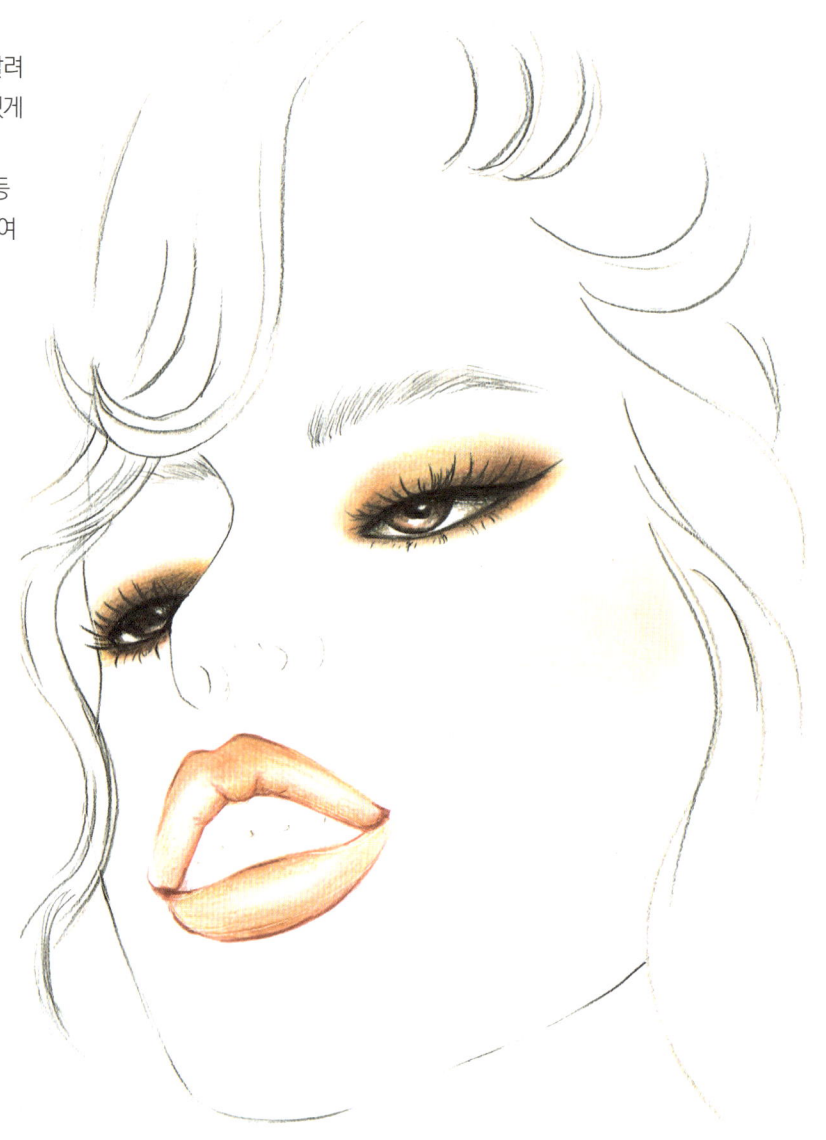

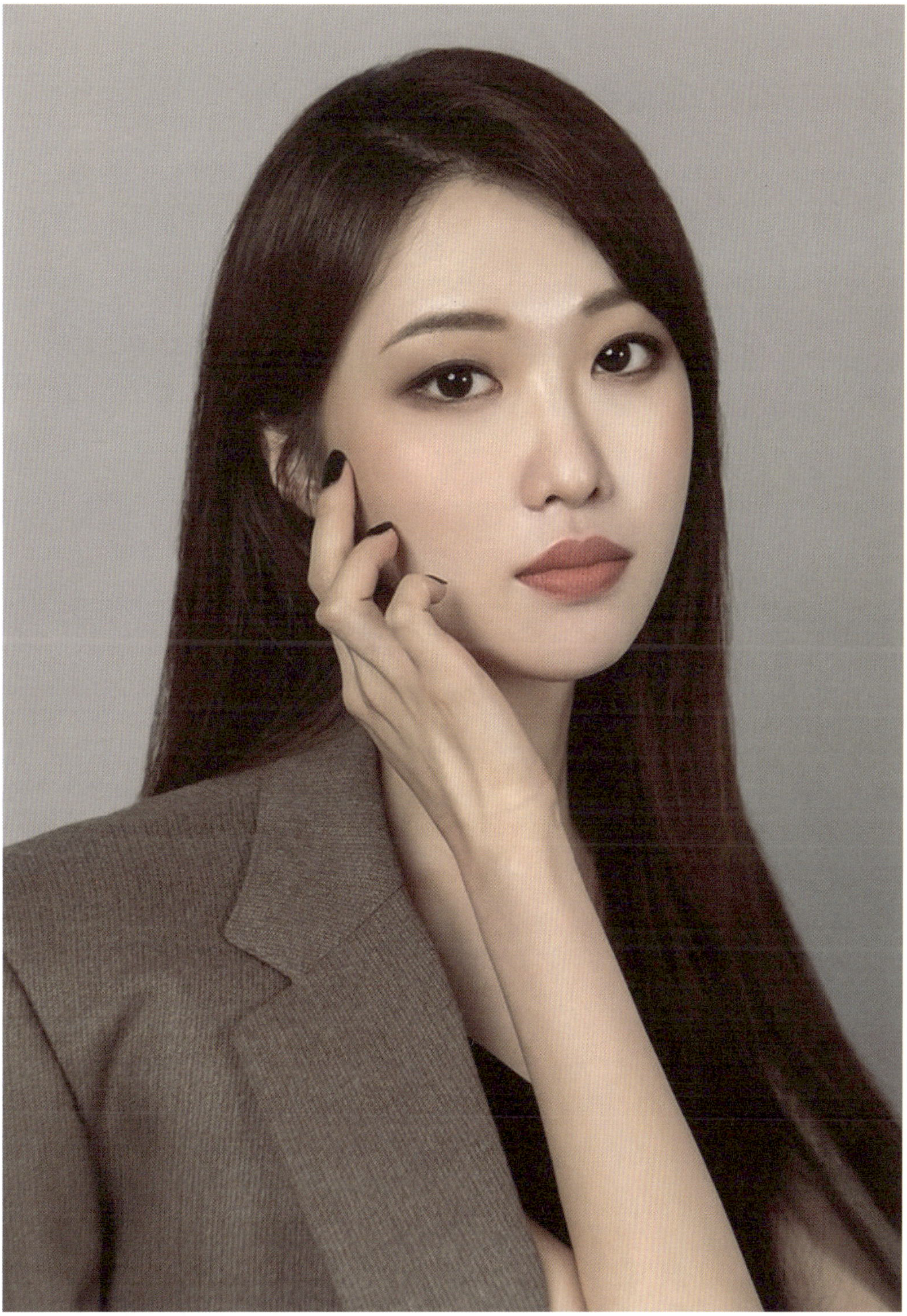

4. 모던 메이크업(Modern makeup)

기존의 메이크업과는 차별화된 접근방식으로 현대적인 트렌드를 반영한 유니크함을 표현한다.
독창적인 메이크업 기법을 활용해 자유롭고 실험적인 표현을 추구하며, 메이크업 전반에 걸쳐 복잡한 기술이나 과한 컬러를 피하고 간결하고 세련된 스타일을 연출한다.

① 피부 표현
- 자연스러운 광택을 살려 투명하고 결점없는 자연스러운 피부 표현
- 하이라이트를 위주로 컨투어링하여 과하지 않게 윤곽 수정

② 아이메이크업
- 눈썹은 결대로 깔끔하게 본연의 형태를 살려 주고
  아이섀도는 단정하고 절제된 색감으로 표현하거나
  대담한 색상과 독특한 질감으로 표현
- 또는 색감이나 라인 없는
  아이메이크업으로 깨끗한 눈매를 표현

③ 치크
- 연한 핑크나 코랄로 넓게
  펴 바르거나 브론저 컬러로
  자연스런 음영을 넣어
  입체감을 표현

④ 립
- 대담한 색상부터 뉴트럴 톤,
  글로시한 립제품까지
  콘셉트에 맞게 선택

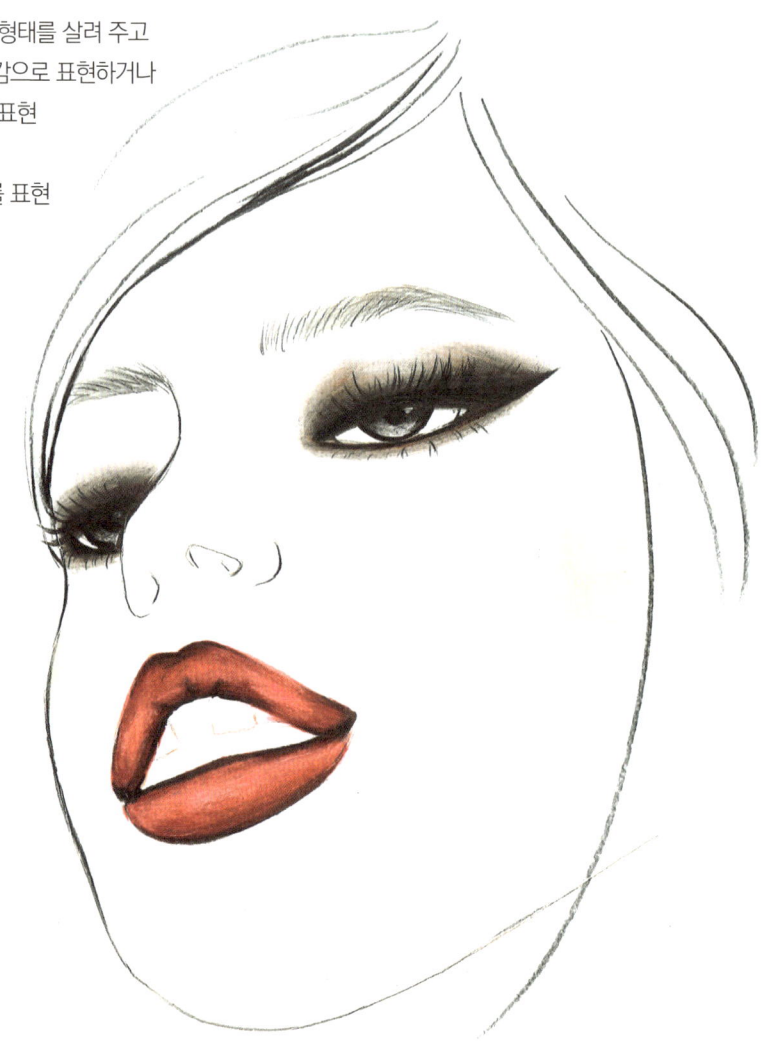

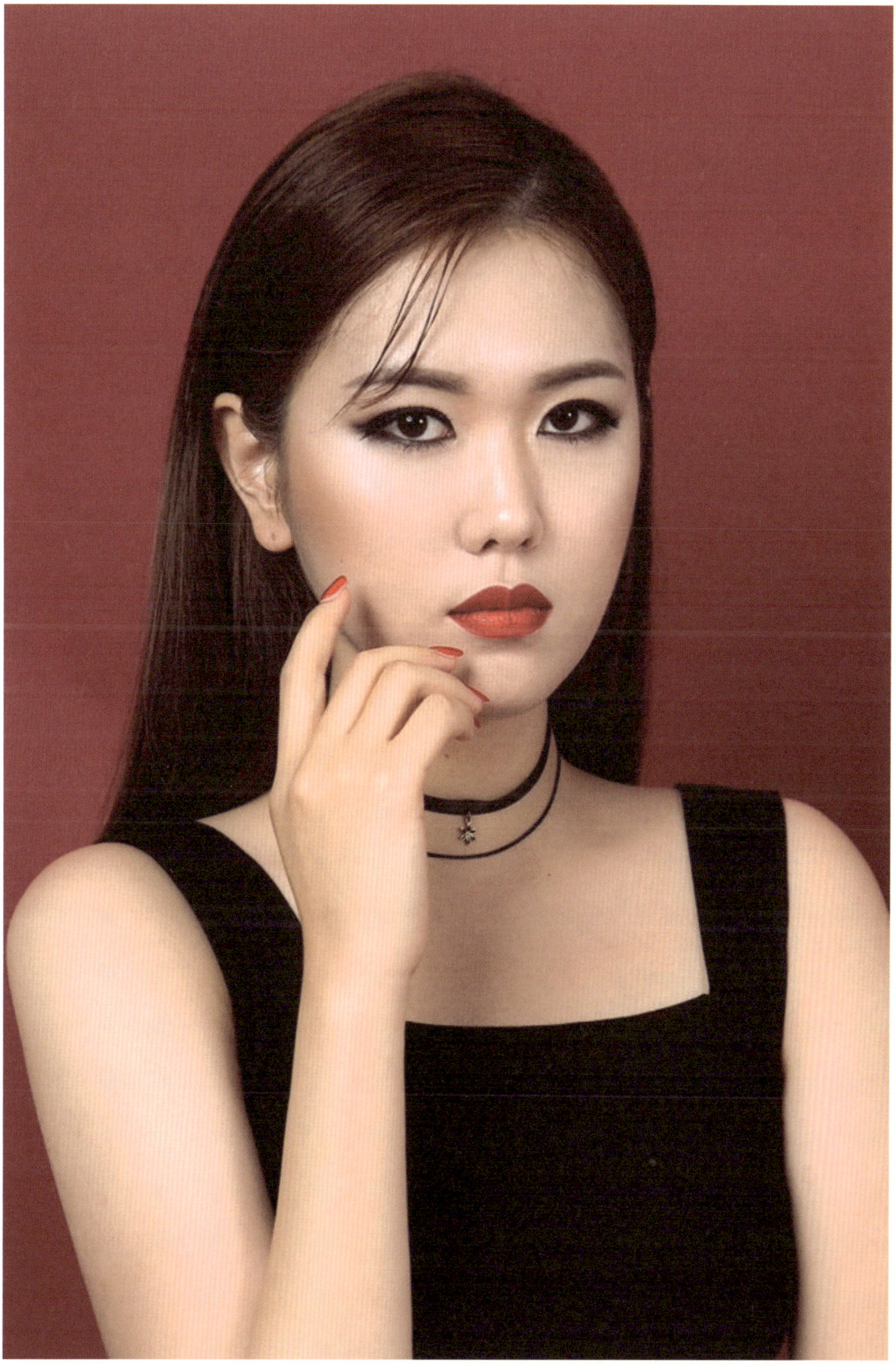

Ⅵ. 이미지 메이크업 실전

베이직 메이크업
NCS 기반

VII. 미용사 (메이크업) 실기테크닉

1. 뷰티 메이크업
2. 시대 메이크업
3. 캐릭터 메이크업
4. 속눈썹 익스텐션
5. 미디어 수염

1. 뷰티메이크업 ... 웨딩(로맨틱)

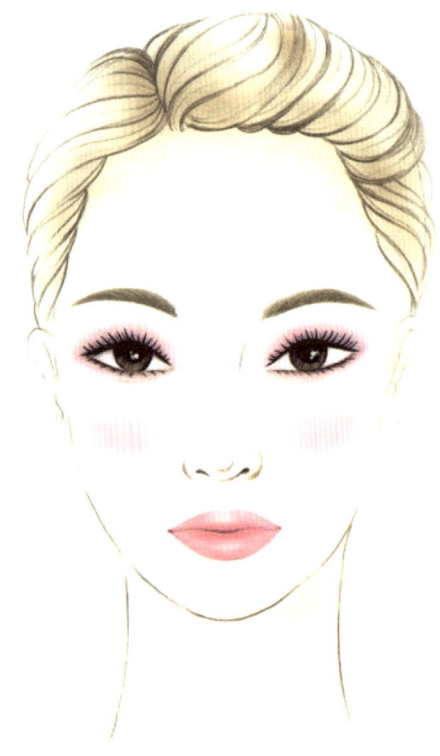

❶ 모델의 피부 톤에 적합한 메이크업 베이스
❷ 모델의 피부보다 한 톤 밝게 표현, 쉐딩과 하이라이트 후 파우더로 가볍게 마무리
❸ 모델의 눈썹 모양에 맞추어 흑갈색으로 그리되 눈썹산이 각지지 않게 둥근 느낌 표현
❹ 아이섀도는 펄이 약간 가미된 연핑크색으로 눈두덩이와 언더라인 전체에 바르고 연보라색 아이섀도로 아이라인 주변을 짙게 바른 뒤, 눈두덩이 위로 자연스럽게 그라데이션, 눈꼬리 언더라인은 1/2~1/3까지 그라데이션
❺ 아이라인은 속눈썹 사이를 메꾸어 그리고 눈매를 아름답게 교정
❻ 뷰러 후 인조 속눈썹을 모델 눈에 맞춰 붙이고 마스카라
❼ 치크는 핑크색으로 애플 존 위치에 둥근 느낌으로 표현
❽ 립은 핑크색으로 입술 안쪽을 짙게 바르고 바깥으로 그라데이션, 립글로스로 마무리

1. 뷰티메이크업 ... 웨딩(클래식)

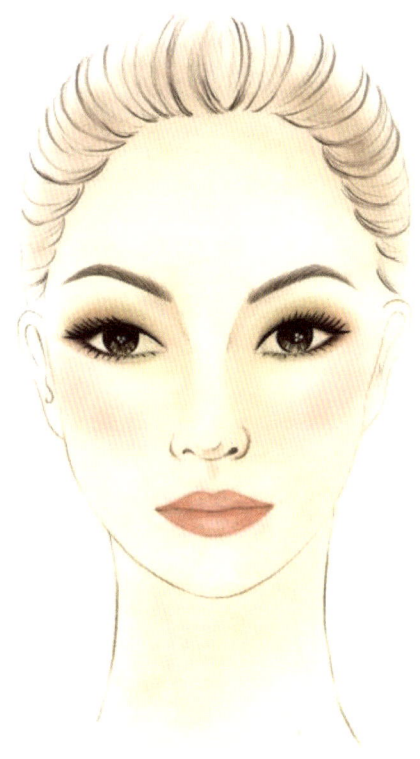

1. 모델의 피부 톤에 적합한 메이크업 베이스
2. 모델의 피부 톤에 맞춰 결점을 커버, 쉐딩과 하이라이트로 윤곽 수정 후 파우더로 매트하게 마무리
3. 모델의 눈썹 모양에 맞추어 흑갈색으로 그리되 눈썹산이 약간 각지도록 표현
4. 피치색의 아이섀도를 눈두덩이 전체에 펴 바른 후 브라운색으로 눈두덩이 표현, 눈 앞머리의 위아래에는 골드 펄을 발라 화려함 표현
5. 아이라인은 속눈썹 사이를 메우어 그리고 눈매를 아름답게 교정
6. 뷰러 후 인조 속눈썹은 뒤쪽이 긴 스타일로 모델 눈에 맞춰 붙이고 마스카라
7. 치크는 피치 색으로 광대뼈 바깥에서 안쪽으로 블렌딩
8. 립컬러는 베이지 핑크색으로 바르고 입술 라인을 선명하게 표현

1. 뷰티메이크업 ... 한복

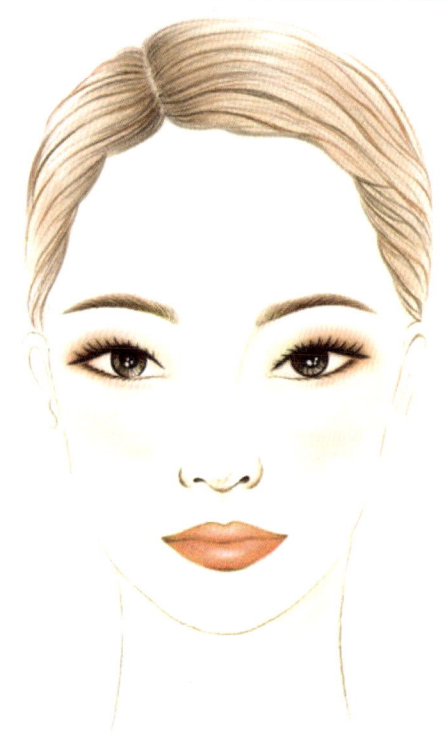

① 모델의 피부 톤에 적합한 메이크업 베이스
② 모델의 피부 톤에 맞춰 결점을 커버, 쉐딩과 하이라이트 후 파우더로 가볍게 마무리
③ 모델의 눈썹 모양에 맞추어 자연스러운 브라운 컬러의 눈썹을 표현
④ 아이섀도의 표현은 펄이 약간 가미된 피치색으로 눈두덩이와 언더라인 전체에 펴 바르고 브라운색 아이섀도로 아이라인 주변을 짙게 바르고 눈두덩이 위로 자연스럽게 그라데이션 한 후 눈꼬리 언더라인 1/2 ~ 1/3까지 그라데이션, 언더 라인에는 밝은 크림색 섀도를 덧발라 애교살이 돋보이도록 표현
⑤ 아이라인은 속눈썹 사이를 메꾸어 그리고 눈매를 아름답게 교정
⑥ 뷰러 후 인조 속눈썹을 모델 눈에 맞춰 붙이고 마스카라
⑦ 치크는 오렌지 계열로 광대뼈 위쪽에, 안에서 바깥으로 블렌딩
⑧ 립컬러는 오렌지 레드색으로 바르고 입술 라인을 선명하게 표현

1. 뷰티메이크업 ... 내츄럴

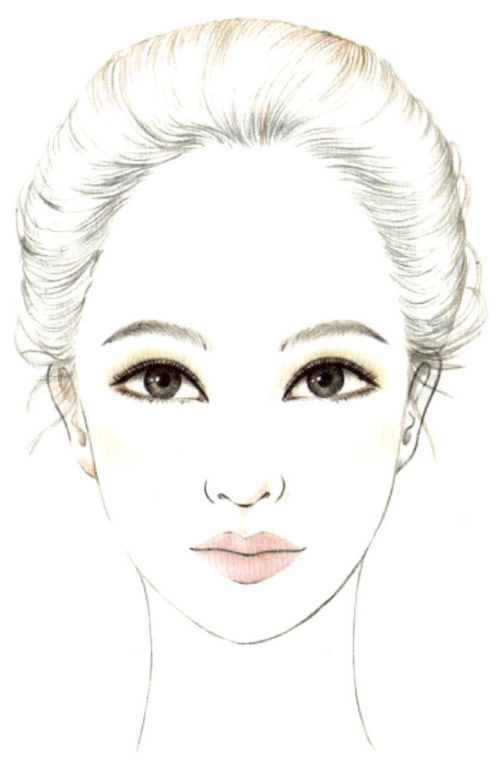

① 모델의 피부 톤에 적합한 메이크업 베이스
② 베이스 메이크업은 모델 피부색과 비슷한 리퀴드 파운데이션, 피부의 결점 등을 커버하기 위하여 컨실러 등을 사용할 수 있으며 파운데이션은 두껍지 않게 골고루 펴 바르며 투명 파우더 사용
③ 눈썹은 눈썹의 결을 최대한 살려 자연스럽게 표현
④ 아이섀도의 표현은 펄이 없는 베이지색으로 눈두덩이와 언더라인 전체에 도포, 브라운색으로 아이라인 주변을 바르고 눈두덩이 위로 자연스럽게 그라데이션 한 후 눈꼬리 언더라인 1/2~1/3까지 그라데이션
⑤ 아이라인은 브라운색의 섀도 타입이나 펜슬 타입을 이용하여 점막을 채우듯이 속눈썹 사이를 메꾸어 그리고 눈매를 자연스럽게 교정
⑥ 뷰러 후 마스카라를 이용하여 위아래 속눈썹을 모두 한올 한올 뭉치지 않게 발라 자연스러운 C 컬이 되도록 연출
⑦ 치크는 피치 컬러로 광대뼈 안쪽에서 바깥쪽으로 블렌딩
⑧ 립은 베이지 핑크색으로 자연스럽게 발라 마무리

2. 시대 메이크업 ... 그레타 가르보

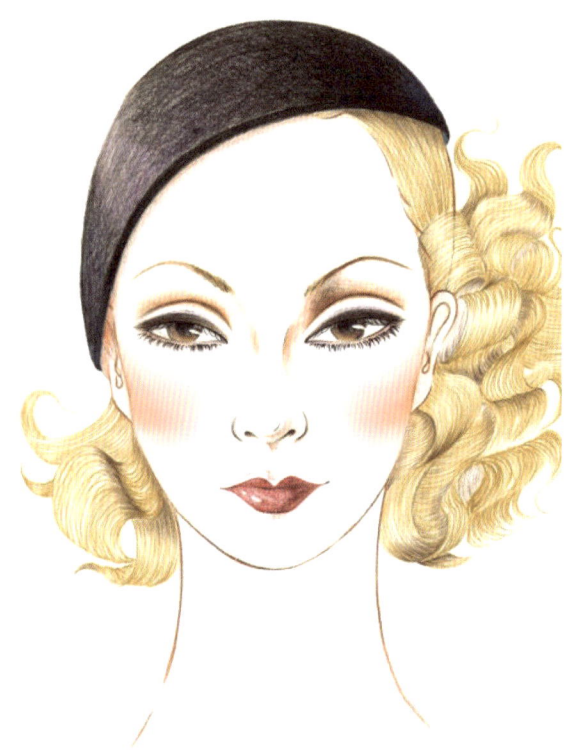

❶ 모델의 피부 톤에 적당한 메이크업 베이스
❷ 눈썹은 파운데이션 등(또는 눈썹 왁스 및 실러)을 사용하여 완벽하게 커버
❸ 모델의 피부 톤에 맞춰 결점을 커버, 쉐딩과 하이라이트로 윤곽 수정 후 파우더로 매트하게 마무리
❹ 눈썹은 아치형
❺ 아이섀도의 표현은 모델의 눈두덩이에 펄이 없는 브라운 계열의 컬러로 아이홀 표현
❻ 아이라인은 속눈썹 사이를 메꾸어 그리고 눈매를 교정
❼ 뷰러 후 인조 속눈썹을 모델 눈에 맞춰 붙이고 마스카라
❽ 치크는 브라운색으로 광대뼈 아래쪽을 강하게 표현, 얼굴 전체를 핑크톤으로 표현
❾ 적당한 유분기를 가진 레드브라운 립컬러를 이용하여 인커브 형태로 표현

2. 시대 메이크업 ... 마릴린 먼로

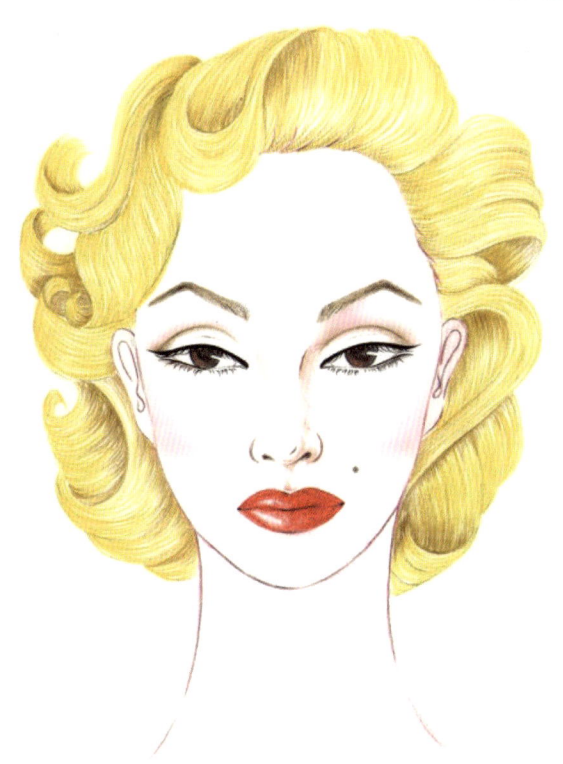

❶ 모델의 피부 톤에 적합한 메이크업 베이스
❷ 모델의 피부 톤보다 밝은 핑크 톤의 파운데이션, 쉐딩과 하이라이트로 윤곽 수정 후 파우더로 매트하게 마무리
❸ 눈썹은 브라운색의 양미간이 좁지 않은 각진 눈썹으로 표현
❹ 아이섀도는 모델의 눈두덩이를 중심으로 핑크와 베이지 계열의 컬러를 이용하여 아이홀을 표현하고 그라데이션
❺ 아이홀 안쪽 눈꺼풀에 화이트 색상으로 입체감을 주고 언더에는 베이지 계열의 섀도
❻ 아이라인은 속눈썹 사이를 메꾸어 그리고 도면과 같이 아이라인을 길게 뺀 형태의 눈매를 표현
❼ 뷰러 후 인조 속눈썹은 모델의 눈보다 길게 뒤로 빼서 붙이고 마스카라
❽ 치크는 핑크톤으로 광대뼈보다 아래쪽에서 구각을 향해 사선으로 표현
❾ 적당한 유분기를 가진 레드 립컬러를 아웃커브 형태 표현
❿ 마릴린 먼로의 개성이 돋보이는 점을 표현

2. 시대 메이크업 ... 트위기

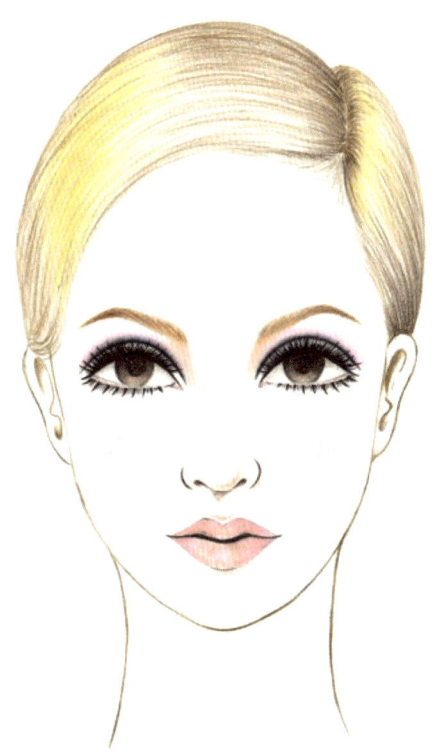

① 모델의 피부 톤에 적합한 메이크업 베이스
② 베이스 메이크업은 모델 피부색과 비슷한 리퀴드 또는 크림 파운데이션을 사용, 두껍지 않게 골고루 펴 바르고 파우더를 사용하여 마무리
③ 눈썹은 자연스러운 브라운색으로 눈썹산을 강조
④ 아이섀도는 화이트 베이스 컬러와 핑크, 네이비, 그레이, 어두운 청색으로 인위적인 쌍꺼풀 라인
⑤ 쌍꺼풀 라인과 아이라인의 선이 선명하도록 강조하여 그라데이션, 화이트로 쌍꺼풀 안쪽 및 눈썹 아래 부위를 하이라이트
⑥ 아이라인은 선명하게 그리고 도면과 같이 눈매를 교정
⑦ 뷰러 후 인조 속눈썹을 모델 눈에 맞춰 붙이고 마스카라
⑧ 과장된 속눈썹 표현을 위해 언더 속눈썹에 마스카라를 한 후 아이라이너를 사용하여 그리거나 인조 속눈썹을 붙여 표현
⑨ 치크는 핑크 및 라이트 브라운색으로 애플 존 위치에 둥근 느낌으로 표현
⑩ 베이지 핑크색의 립 컬러를 자연스럽게 발라 마무리

2. 시대 메이크업 ... 펑크

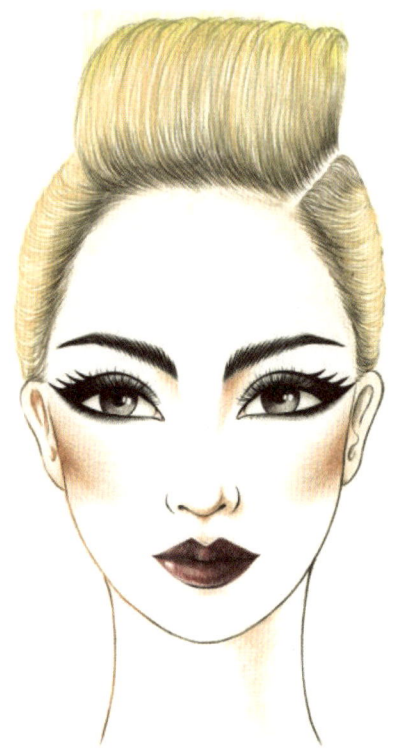

① 모델의 피부 톤에 적합한 메이크업 베이스
② 베이스 메이크업은 크림 파운데이션을 사용하여 창백하게 피부 표현, 피부의 결점 등을 커버하기 위하여 컨실러 등을 사용, 파우더를 이용하여 매트하게 표현
③ 눈썹은 도면과 같이 눈썹의 결을 강조하여 짙고 강하게 표현
④ 아이섀도 표현은 화이트, 베이지, 그레이, 블랙 등의 컬러를 이용하여 아이홀을 강하게 표현
⑤ 아이홀은 눈꼬리에서 앞머리 쪽으로 그리고 아이홀의 눈꼬리 1/3부분을 검은색 아이섀도나 아이라이너를 이용하여 채우고 그라데이션
⑥ 아이라인은 검은색을 이용하여 3개의 라인을 아이홀 라인의 바깥쪽으로 과장되게 표현
⑦ 언더라인은 위쪽 라인까지 연결하여 강하게 표현
⑧ 뷰러 후 인조 속눈썹을 모델 눈에 맞춰 붙이고 마스카라
⑨ 치크는 레드 브라운색으로 얼굴 앞쪽을 향하여 사선으로 선을 그리듯 강하게 표현
⑩ 립은 검붉은색을 이용하여 펴 바르고 입술 라인을 선명하게 표현

3. 캐릭터 메이크업 ... 레오파드

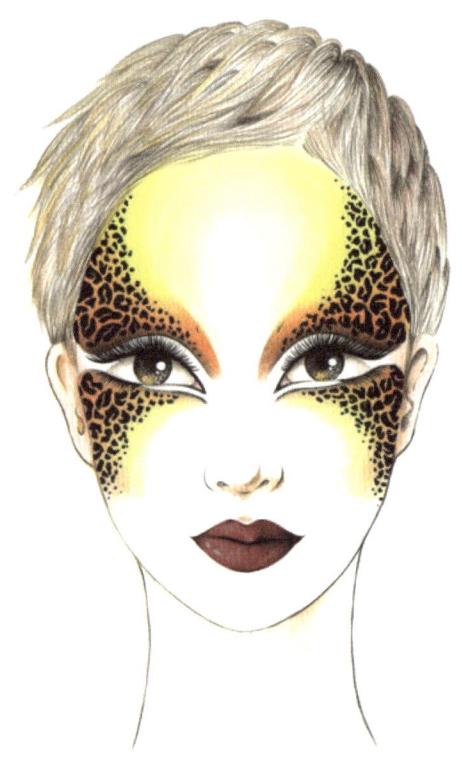

① 모델의 피부 톤에 맞는 메이크업 베이스
② 피부 톤보다 밝은색 파운데이션을 이용하여 바른 후 파우더로 마무리
③ 옐로우, 오렌지, 브라운색의 아쿠아 컬러나 아이섀도 등을 사용하여 그라데이션
④ 아이홀 부위는 도면과 같이 흰색으로 뚜렷하게 표현, 검은색 아이라이너, 아쿠아 컬러 등으로 눈꺼풀 위와 눈 밑 언더라인의 트임을 표현
⑤ 레오파드 무늬는 아쿠아 컬러나 아이라이너 등을 사용하여 선명하고 점진적으로 표현
⑥ 인조 속눈썹을 사용하여 길고 날카로운 눈매를 표현
⑦ 언더라인은 아이라이너를 사용하여 그리거나 인조 속눈썹을 붙여 표현
⑧ 버건디 레드의 립컬러를 모델의 입술에 맞게 사용하되 구각을 강조한 인커브 형태로 표현

3. 캐릭터 메이크업 ... 한국무용

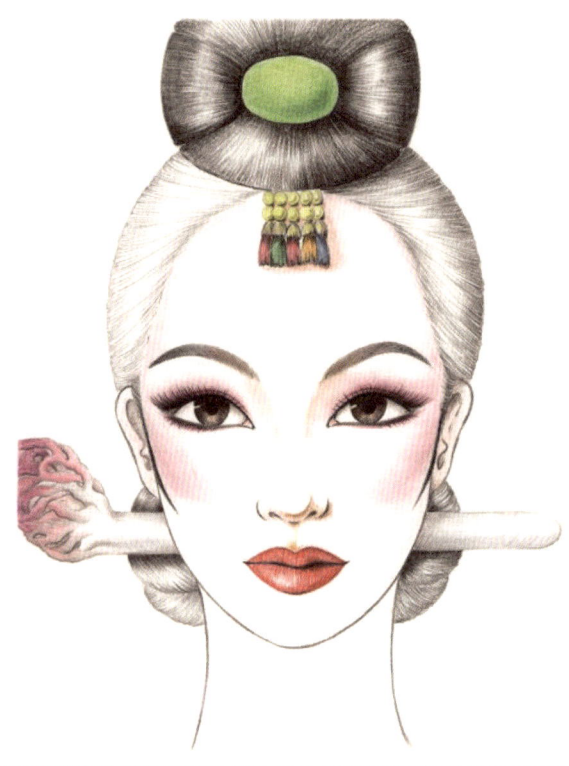

① 모델의 피부 톤에 적합한 메이크업 베이스
② 모델의 피부 톤에 맞춰 결점을 커버하고 파운데이션으로 깨끗하게 피부 표현
③ 쉐딩, 하이라이트로 윤곽 수정 후 핑크 파우더로 매트하게 마무리
④ 눈썹은 브라운색으로 시작하여 검은색으로 연결되는 부드러운 곡선의 동양적인 눈썹
⑤ 눈썹 뼈에 흰색으로 하이라이트, 분홍색 아이섀도를 이용하여 눈두덩이에 그라데이션, 눈꼬리 부분과 언더라인을 마젠타 컬러로 포인트 상승형으로 표현
⑥ 검은색 아이라이너를 사용, 언더라인은 펜슬 또는 아이섀도로 마무리
⑦ 뷰러 후 검은색의 짙은 인조 속눈썹을 사용하여 상승형으로 표현
⑧ 치크는 핑크색으로 광대뼈를 감싸듯 화사하게 표현
⑨ 레드 컬러의 립 라이너를 립 안쪽으로 그라데이션하고 핑크가 가미된 레드 립 컬러로 블렌딩
⑩ 블랙 펜슬 또는 블랙 아이라이너를 이용하여 귀밑머리를 자연스럽게 표현

3. 캐릭터 메이크업 ... 발레

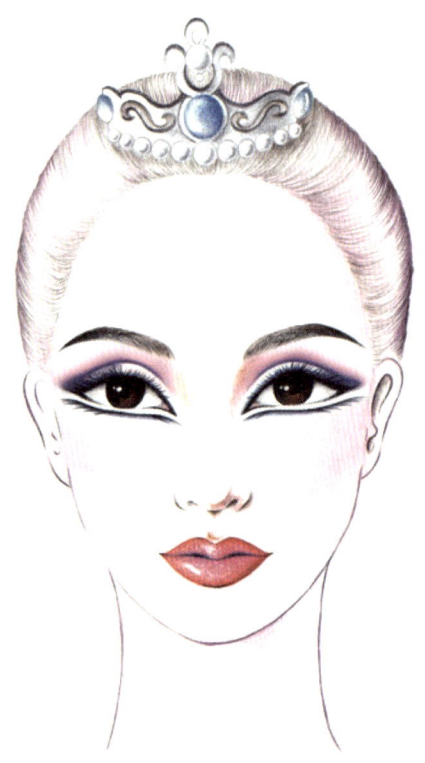

① 모델의 피부 톤에 적합한 메이크업 베이스
② 모델의 피부 톤에 맞춰 결점을 커버하고 파운데이션으로 깨끗하게 피부 표현
③ 쉐딩과 하이라이트로 윤곽 수정 후 핑크 파우더로 매트하게 마무리
④ 눈썹은 다크 브라운색으로 시작하여 블랙으로 연결되는 갈매기 형태로 표현
⑤ 눈썹 뼈에 흰색, 아이 홀은 핑크와 퍼플 컬러를 이용하여 그라데이션, 홀 안쪽은 흰색
⑥ 속눈썹 라인을 따라서 아쿠아 블루색으로 포인트를 주고 언더라인도 같은 색으로 눈과 일정한 간격을 두고 그린 후 흰색을 넣어 눈이 커 보이도록 표현
⑦ 검은색 아이라이너를 사용하여 아이라인과 언더라인을 길게 표현
⑧ 뷰러 후 검은색의 짙은 인조 속눈썹을 사용하여 상승형으로 표현
⑨ 치크는 핑크색으로 광대뼈를 감싸듯 화사하게 표현
⑩ 로즈 컬러의 립 라이너로 그라데이션, 핑크색 립 컬러로 블렌딩

3. 캐릭터 메이크업 ... 노역

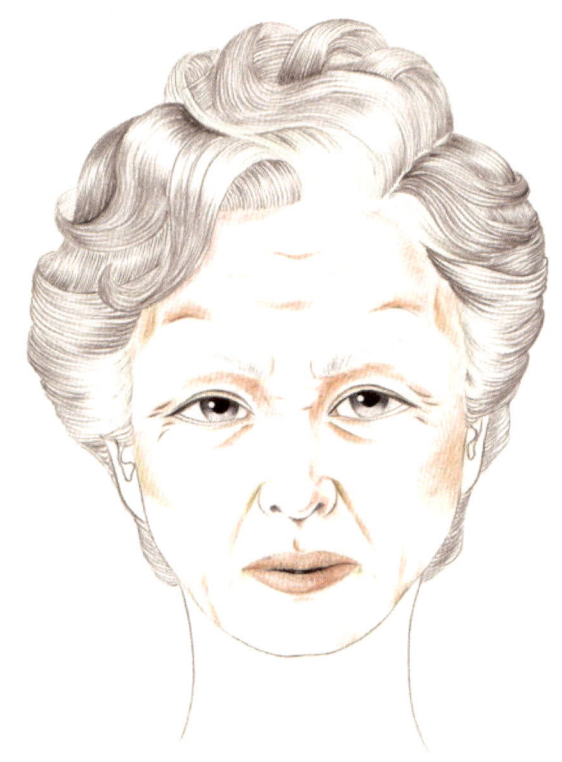

① 모델의 피부 톤에 맞는 메이크업 베이스
② 모델의 피부 톤보다 한 톤 어두운 파운데이션으로 피부 표현
③ 쉐딩 컬러로 얼굴의 굴곡 부분을 자연스럽게 표현
④ 하이라이트 컬러를 이용하여 돌출 부분 표현
⑤ 브라운 펜슬을 이용하여 얼굴의 주름(이마, 눈 가장자리와 눈 밑 부위, 미간과 코 부위, 볼 부위, 팔자 주름, 입술과 구각 주름)을 그리고 음영을 표현, 자연스럽게 그라데이션
⑥ 파우더로 매트하게 마무리
⑦ 눈썹은 강하지 않게 회갈색을 이용하여 표현
⑧ 입술은 모델의 입 모양을 오므려 발라 자연스러운 주름을 표현
⑨ 립 컬러는 내츄럴 베이지를 이용하여 아랫입술이 윗입술보다 두껍지 않게 주의하며 입술 안쪽부터 그라데이션

4. 속눈썹 익스텐션

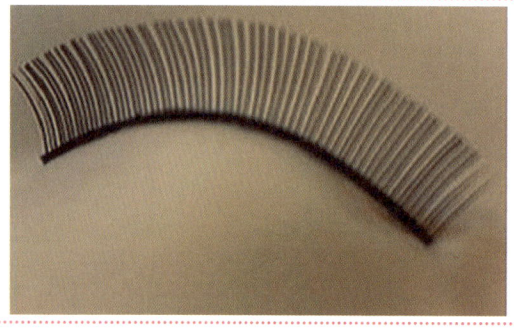
: 속눈썹 연장 전 마네킹 준비상태

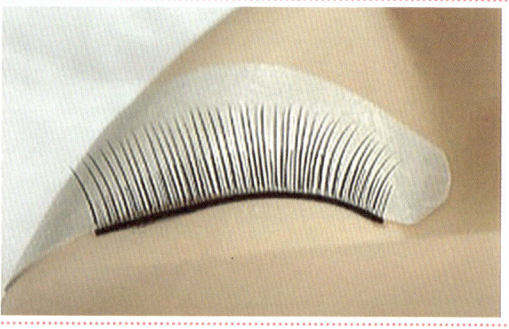
: 완성상태(왼쪽)

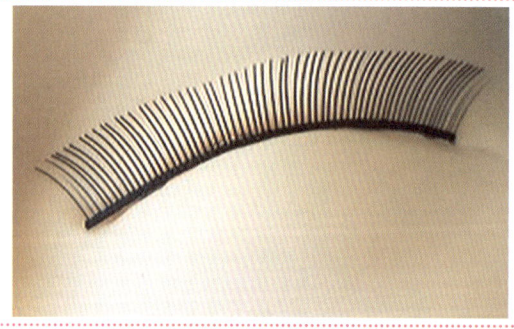
: 속눈썹 연장 전 마네킹 준비상태

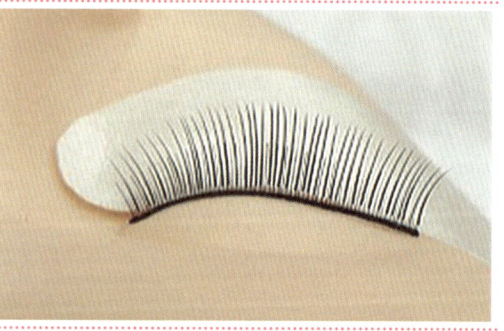
: 완성상태(오른쪽)

❶ 5~6mm의 인조 속눈썹이 부착된 마네킹을 준비
❷ 수험자의 손 및 도구류와 마네킹의 작업 부위를 소독한 후 적절한 위치에 아이패치 부착
❸ 일회용 도구를 사용하여 전처리제를 균일하게 도포
❹ 연장하는 속눈썹은 J컬 타입, 길이 8, 9, 10, 11, 12mm, 두께 0.15~0.2mm의 싱글모
❺ 전체적으로 중앙이 길어 보이는 라운드형 (부채꼴 디자인)의 속눈썹 익스텐션을 완성
 (마네킹에 부착된 속눈썹 한 개에 하나의 속눈썹(J컬)만 연장)
❻ 5가지 길이(8, 9, 10, 11, 12mm)의 속눈썹(J컬)을 모두 사용
❼ 모근에서 1mm ~1.5mm를 반드시 떨어뜨려 부착
❽ 최소 40가닥 이상의 속눈썹(J컬)을 연장
❾ 단, 눈 앞머리 부분의 속눈썹 2~3가닥은 연장하지 않는다.

5. 미디어 수염

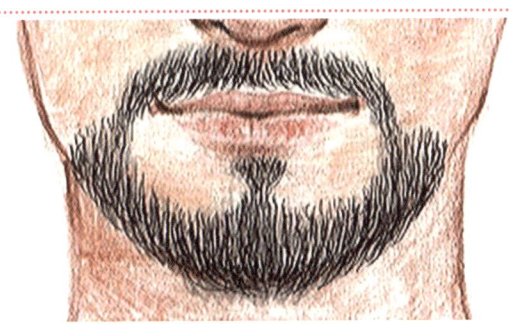 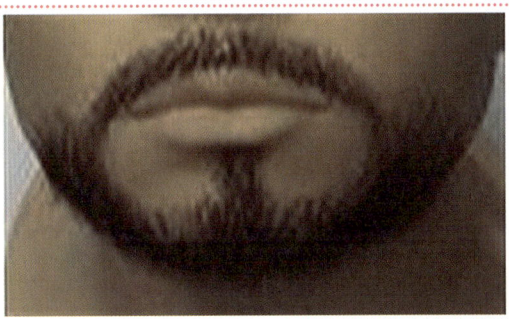

: 완성상태

❶ 과제를 수행하기 전 수험자의 손 및 도구류와 마네킹의 작업 부위를 소독
❷ 수염 접착제(스프리트 검)를 균일하게 도포하여 마네킹의 좌우 균형, 위치, 형태를 주의하면서 사전에 가공된 상태의 수염 접착
❸ 콧수염과 턱수염을 모두 부착
❹ 빗과 핀셋으로 붙인 수염을 다듬은 후 고정 스프레이와 라텍스 등을 이용하여 스타일링
(단, 완성된 수염의 길이는 마네킹의 턱 밑 1~2cm 정도로 작업한다.)

참고자료

- Chat GPT
- NCS
- 다락원 미용사 메이크업
- 도서출판 대가 미용사 메이크업
- 머스테브
- 메디시언 기초 메이크업
- 에듀웨이 2021 기분파 메이크업 필기
- 청구문화사 뷰티색채학
- 큐넷 미용사(메이크업) 공개문제

MEMO

MEMO

MEMO

베이직 메이크업 NCS 기반

초판 1쇄 발행 2025년 2월 14일

지 은 이	박경옥, 김수나, 김예린, 노연희, 송유빈, 신미주
펴 낸 이	위북스
펴 낸 곳	위북스
출판등록	제406-2013-000011호
주 소	경기도 고양시 일산서구 장자길118번길 92
홈페이지	www.webooks.co.kr
전화번호	031-955-5130
이 메 일	we_books@naver.com

ⓒ webooks, 2016

ISBN ∥ 979-11-88150-70-0 03600

값 24,000원

※ 이 책은 저작권법에 따라 보호받는 저작물이므로 무단 전재와 무단 복제를 금지하며,
 이 책의 내용 전부 또는 일부를 이용하려면 반드시 위북스 담당자의 서면동의를 받아야 합니다.

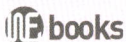